RECHERCHES

SUR LE

TEMPS QUE LA PRÉCIPITATION MET A APPARAITRE

DANS LES

SOLUTIONS D'HYPOSULFITE,

PAR

Gaston GAILLARD.

PARIS,

GAUTHIER-VILLARS, IMPRIMEUR-LIBRAIRE

DU BUREAU DES LONGITUDES, DE L'ÉCOLE POLYTECHNIQUE,

Quai des Grands-Augustins, 55.

1903

RECHERCHES

SUR LE

TEMPS QUE LA PRÉCIPITATION MET A APPARAITRE

DANS LES

SOLUTIONS D'HYPOSULFITE.

36820 PARIS. — IMPRIMERIE GAUTHIER-VILLARS,
Quai des Grands-Augustins, 55.

RECHERCHES

SUR LE

TEMPS QUE LA PRÉCIPITATION MET A APPARAITRE

DANS LES

SOLUTIONS D'HYPOSULFITE,

PAR

Gaston GAILLARD.

PARIS,

GAUTHIER-VILLARS, IMPRIMEUR-LIBRAIRE

DU BUREAU DES LONGITUDES, DE L'ÉCOLE POLYTECHNIQUE,

Quai des Grands-Augustins, 55.

1905

RECHERCHES

SUR LE

TEMPS QUE LA PRÉCIPITATION MET A APPARAITRE

DANS LES

SOLUTIONS D'HYPOSULFITE.

I. — VARIATION DU TEMPS QUE LA PRÉCIPITATION MET A APPARAITRE AVEC LES DIFFÉRENTS RÉACTIFS QUI LA DÉTERMINENT DANS LES SOLUTIONS D'HYPOSULFITE.

Les dissolutions de certains sels en présence de divers réactifs donnent naissance à des précipités qui, pour ne rien préjuger des faits, semblent n'apparaître qu'au bout d'un temps assez long ou ne se former que très lentement.

Depuis longtemps déjà on a étudié en Chimie la vitesse avec laquelle certains corps mis en présence arrivent à certains équilibres et le temps qu'ils emploient à atteindre ces états d'équilibre, éthérification, saponification, actions catalytiques ou pseudo-catalytiques, etc.; mais on paraît s'être moins préoccupé, et peut-être à cause même de ce que ce phénomène présente de complexe et de mal défini, du temps que demande le départ de certaines réactions où du temps employé par d'autres, comme celles auxquelles nous venons de faire allusion, pour donner naissance à certaines modifications telles que la précipitation, le changement de coloration, la variation de certaines propriétés optiques.

En effet, à proprement parler, il ne s'agit plus ici d'établir, à un instant donné, le rapport de la masse du composé formé dans un système en combinaison à la masse formée au bout de l'instant suivant, ce qui donne la vitesse de la combinaison entre ces deux instants, mais d'étudier les variations du temps au bout duquel certaines actions semblent se produire, dans l'impossibilité actuelle de les suivre, de savoir exactement comment elles s'effectuent, et si leur apparition soudaine n'est due qu'à ce que leur activité d'abord minime et très lente reste pour nous inappréciable pendant un certain temps, en sorte qu'elles pourraient être analysées de la même manière que les autres réactions si nous pouvions pénétrer pareillement leur économie pendant cette période. Du reste nous verrons qu'il y aurait peut-être lieu d'étudier les relations qui peuvent exister aussi bien entre ces phénomènes et *l'ensemble des autres propriétés de ces corps* qu'entre ces dernières et ceux définis par ce que l'on appelle la *vitesse de réaction.*

Sans doute on a parfois attaché aussi une importance trop grande à ces phénomènes de précipitation, de coloration, etc., mais il faut avouer, sans parler du rôle qu'ils jouent en analyse, qu'ils fournissent cependant des indications dans le domaine obscur de certaines actions chimiques, et notre excuse de nous y attacher plus spécialement ici sera de tenter, au point de vue que nous venons d'indiquer, une étude qui, croyons-nous, n'a pas encore été faite.

Du reste Berthollet avait vu déjà toute l'importance qu'il y a à étudier à ce point de vue les phénomènes chimiques quand il écrivait : « Il y a encore dans l'action chimique une condition qui doit être prise en considération et qui sert à expliquer plusieurs de ses effets : c'est l'intervalle de temps qui est nécessaire pour qu'elle s'exécute et qui est très variable selon les substances et selon les circonstances. J'examine sous ce rapport la propagation de l'action chimique (¹). »

Mais l'étude de ces phénomènes, de la façon dont nous l'envisageons, est fort complexe, car elle soulève le problème même du changement et du temps du changement.

(¹) BERTHOLLET, *Essai de statique chimique,* an XI (1803), p. 20.

Historiquement on voit, comme l'a résumé Schopenhauer ([1]), que :

« Dès l'antiquité, les philosophes se sont posé la question : A quel moment se produit le changement? Ils se disaient qu'il ne pouvait se produire ni pendant que le premier état dure encore, ni après que le nouveau était déjà survenu; mais que, si nous lui assignons un moment propre entre les deux, il fallait que pendant ce temps les corps ne fussent ni dans le premier ni dans le second état; par exemple, il fallait... qu'un corps ne fût ni en repos ni en mouvement; ce qui est absurde. *Sextus Empiricus* a rassemblé les difficultés et les subtilités de la question dans son Ouvrage *Adv. Mathem.*, lib. IX, p. 267-271, et *Hypot.*, III, c. 14; on en trouve aussi quelques-unes dans *Aulu-Gelle*, I, VI, c. 13. — Platon avait expédié assez *cavalièrement* (sic) ce point difficile, en déclarant tout bonnement, dans le *Parménide*, que le changement arrive *soudain* et ne prend *aucun temps;* qu'il est ἐξαίφνης (*in repentino*), et il appelle cela une « ἄτοπος φύσις, ἐν χρόνῳ οὐδέν οὖσα », c'est-à-dire un état bizarre et en dehors du temps (mais qui ne s'en produit pas moins dans le temps).

» C'est donc de la perspicacité d'Aristote qu'il a été réservé de tirer au clair cette épineuse question, ce qu'il a fait d'une façon complète et détaillée dans le VIe livre de la *Physique*, chap. 1-8. La démonstration par laquelle il prouve qu'aucun changement ne s'effectue subitement (le « ἐξαίφνης » de Platon), mais toujours par degrés, remplissant par conséquent un certain temps, se fonde entièrement sur la pure perception *a priori* du temps et de l'espace; mais elle est aussi très subtilement tournée. Ce qu'il y a de plus essentiel dans sa très longue argumentation peut se résumer dans les points suivants. Dire de deux objets qu'ils sont contigus signifie qu'ils ont réciproquement une extrémité commune; par conséquent, il n'y a que deux objets étendus, deux lignes par exemple, qui puissent être contigus; s'ils étaient indivisibles, de simples points, il ne pourrait y avoir de contiguïté (parce qu'alors ils ne seraient qu'une seule et même chose). Ce que nous venons de dire de l'espace, appliquons-le au temps. De même qu'entre deux points il y a toujours encore une ligne, de même entre deux moments actuels il y a toujours encore un instant. C'est celui-ci qui est le moment du changement, c'est-à-dire l'instant où l'un des états existe dans le premier moment actuel et où l'autre état existe dans le second moment actuel. Cet instant est divisible à l'infini, comme tout temps; par conséquent, l'objet qui change parcourt dans cet intervalle un nombre infini de degrés, et c'est en passant par tous ces degrés que le second état résulte progressivement du premier. — Pour rendre la démonstration plus vulgairement compréhensible, voici comment on pourrait

---

([1]) SCHOPENHAUER, *De la quadruple racine du principe de la raison suffisante*, trad. J.-A. Cantacuzène, 1882; § 25 : *Le temps du changement*, p. 142-145

exposer l'affaire : entre deux états successifs, dont la différence est percep-
tible à nos sens, il en existe toujours plusieurs dont la différence est imper-
ceptible pour nous, parce que l'état nouvellement survenant a besoin
d'acquérir un certain degré d'intensité ou de grandeur pour pouvoir être
perçu par les sens. Aussi ce nouvel état est-il précédé de degrés d'intensité
ou de grandeur moindres, pendant le parcours desquels il s'accroît progressivement. Ces degrés, pris dans leur ensemble, sont ce que l'on entend
sous le nom de changement, et le temps qu'ils remplissent est le temps
du changement. Appliquons ceci à un corps que l'on choque ; l'effet pro-
chain sera une certaine vibration de ses parties internes, laquelle, après
avoir propagé l'impulsion, éclate au dehors sous forme de mouvement. »

Aussi, toujours d'après Schopenhauer :

« Aristote, de cette infinie divisibilité du temps, conclut très justement
que tout ce qui le remplit, conséquemment aussi tout changement, c'est-
à-dire tout passage d'un état à un autre, doit également être infiniment
divisible ; que tout ce qui se produit doit donc se composer de parties en
nombre infini et par suite s'effectuer toujours successivement et jamais
subitement. De ces principes, d'où découle la production graduelle de tout
mouvement, Aristote tire encore, dans le dernier chapitre de ce VIe livre,
cette importante conclusion que rien d'indivisible, par conséquent aucun
simple *point,* ne peut se mouvoir. Ceci s'accorde au mieux avec l'explica-
tion de la matière de Kant, quand il dit qu'elle est « *ce qui est mobile
dans l'espace* ».

» Cette loi de la continuité et de la production graduelle de tous les changements, qu'Aristote a formulée et démontrée le premier, a été exposée
par Kant à trois reprises : à savoir dans sa *Dissertatio de mundi sensi-
bilis et intelligibilis forma,* § 14; dans la *Critique de la raison pure,*
1ʳᵉ édit. (allem.), p. 207; enfin dans ses *Éléments métaphysiques de la
science de la nature,* à la fin de son « *Observation générale sur la Mé-
canique* ».

Sans entrer aucunement dans cette discussion il est permis
cependant, pour se représenter ce qui a lieu avec les différents sels
qui donnent naissance aux phénomènes que nous considérons, de
faire plusieurs suppositions. On peut admettre, par exemple, que
la réaction commence immédiatement après le mélange avec le
réactif, mais ne devient sensible pour nous soit par la précipitation,
soit de toute autre façon, qu'au bout d'un certain temps, lorsque,
pour être appréciable, une quantité suffisante du nouveau composé
s'est formée; ou bien qu'elle ne commence effectivement qu'au
moment où nous voyons apparaître le précipité, le départ de la

réaction demandant plus ou moins de temps pour se produire ainsi que les chimistes le font remarquer dans certaines combinaisons; ou bien enfin que la réaction ne commence pas véritablement de suite, mais qu'il s'écoule un temps plus ou moins long durant lequel se passent différentes actions analogues à une sorte de modification de tension qui prennent peu à peu un accroissement d'intensité ou une sorte d'accélération et qui déterminent ainsi, quand ils ont atteint un certain degré, l'apparition des phénomènes que nous observons.

Quel que soit du reste celui des modes précédents que l'on adopte, suivant qu'il semble correspondre le plus exactement aux actions que l'on envisage, il y a lieu de se demander encore, si l'action chimique s'exerce immédiatement et partout à la fois ou, si, au contraire, elle se propage lentement et gagne de part en part; autrement dit, si ces actions commencent dans toute la masse des corps en présence, si toutes les réactions sont entreprises à la fois dans toutes les parties de chaque corps, soit qu'elles entrent en jeu immédiatement, soit au bout d'un certain temps, ou bien si le nombre de celles qui y participent est donné pour une même quantité et s'accroît ensuite selon une certaine loi. Pareillement à ce qui se passe dans la dissolution par la formation des hydrates; en combinant une quantité donnée d'un corps et une certaine quantité d'un autre, une partie du premier peut d'abord former un composé avec une partie du second, si bien que ce n'est plus à l'instant suivant qu'une partie du second avec une partie combinée du premier qui s'unit avec une partie du premier combinée avec une partie du second et ainsi de suite.

Selon les cas et comme on le verra plus loin, ces suppositions peuvent se trouver plus ou moins acceptables; mais, sans aborder ici cette question et avant toute autre considération, nous nous sommes seulement proposé de rechercher pour le moment les variations de temps au bout desquelles se produisent certains précipités qui ne prennent point naissance immédiatement, d'étudier les conditions dont dépend le temps qu'ils mettent à apparaître ainsi que la durée de leur formation.

Ces premières recherches ont été faites sur les hyposulfites alcalins et les hyposulfites alcalino-terreux les plus solubles, et plus spécialement sur l'hyposulfite de soude. Elles ont porté sur les concentrations les plus diverses de ces sels et les dilutions de leurs réactifs. Bien que ces essais représentent un nombre assez considérable d'expériences, ce nombre est cependant encore assez faible par rapport à celui des observations qu'il y aurait lieu de faire dans diverses conditions et avec les différents corps qui peuvent donner naissance à ces phénomènes.

La plupart des auteurs ont signalé cette propriété des hyposulfites. Gay-Lussac disait : « En versant de l'acide dans une dissolution d'hyposulfite, le liquide ne se trouble pas d'abord, mais peu à peu, et il se forme un dépôt de soufre ([1]). » De même, Mitscherlich faisait observer que : « Si l'on ajoute un acide plus fort, par exemple, de l'acide hydrochlorique ou de l'acide sulfurique à un hyposulfite, la dissolution reste, à la vérité, claire pendant quelques instants, mais elle ne tarde pas à se troubler : du soufre se dépose et de l'acide sulfureux, qu'on reconnaît aussitôt à son odeur, se dégage ([2]) ». Berzélius expliquait de même ce fait par l'instabilité de l'acide hyposulfureux en disant : « On ne peut obtenir cet acide en le séparant, par un acide plus fort, de la dissolution de ses sels, parce que, peu d'instants après avoir été isolé, il commence à éprouver la même décomposition qui, en très peu de temps, est achevée ([3]). »

Pour ces mêmes sels, J. Pelouze et Frémy faisaient également remarquer que « les acides, et particulièrement les acides chlorhydrique et sulfurique, les décomposent en dégageant de l'acide sulfureux et produisent, soit immédiatement, soit après quelques instants, un dépôt de soufre ». Ils ajoutaient même que « cette propriété est une des plus caractéristiques ([1]) ».

Mais, comme le dit M. V. Auger dans le *Traité de Chimie* de M. Moissan : « Les chimistes ne sont pas encore d'accord sur les phénomènes qui se passent lorsque l'on ajoute un acide à une solution d'un thiosulfate. On a remarqué que l'addition d'un acide à une solution de thiosulfate ne provoque pas immédiatement la précipitation du soufre, aussi a-t-on pu croire que l'acide

([1]) Gay-Lussac, *Cours de Chimie*, 1828, t. I, Leçon X, p. 7.
([2]) E. Mitscherlich, trad. M.-B. Valérius, 1836, t. II, p. 81.
([3]) Berzélius, *Traité de Chimie*, trad. Esslinger et Hœfer, 1845, t. I, p. 477.
([4]) J. Pelouze et Frémy, *Cours de Chimie générale*, 1848, t. I, p. 345.

thiosulfurique existait pendant un temps très court dans cette solution. Colefax ([1]) a défendu cette opinion. Par contre, Hollemann ([2]) et OEttingen ([3]) pensent qu'au moment même où le sel est décomposé, l'acide thiosulfurique se détruit. En effet, si l'on acidule une solution de thiosulfate de sodium, puis que, sans attendre qu'elle se trouble, on la réalcalinise avant toute apparition de soufre, on observe, après quelques instants, que la solution neutralisée laisse déposer du soufre : il faut donc admettre que ce dernier était transitoirement à l'état soluble dans la liqueur, ce qui a pu faire croire à la stabilité relative de l'acide thiosulfurique. » Plus loin, nous verrons précisément comment, dans ces conditions, le phénomène se présente au point de vue du temps. « Vaubel ([1]), ajoute le même auteur, admet que la décomposition des thiosulfates, par les acides, se fait d'après une réaction fort compliquée dont voici les phases :

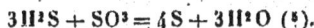

$$S^2O^3H^2 = H^2S + SO^3 = SO^2 + S + H^2O;$$
$$2H^2S + SO^2 = 3S + 2H^2O;$$
$$3H^2S + SO^3 = 4S + 3H^2O \ ([5]).$$

Le procédé que j'ai tout d'abord employé consiste à compter au moyen d'un chronomètre le temps qui s'écoule avant l'apparition du trouble opalescent se produisant lors de la précipitation de ces sels par les divers réactifs qui la déterminent.

Les observations que nous avons pu faire ainsi sont nécessairement approximatives par suite même du seul procédé dont on dispose, mais il ne faut pas oublier qu'outre l'imperfection de la méthode, les écarts que l'on peut relever entre différentes séries d'expériences sont dus surtout au changement des conditions de l'expérience, quelque soin que l'on prenne de se replacer chaque fois dans les mêmes, et dont on verra plus loin l'importance.

Aussi, dans le but de pouvoir établir les relations entre l'action des différents réactifs ou l'importance relative de divers facteurs,

---

([1]) COLEFAX, *The chemical News*. London, t. LXV, 1892, p. 48.
([2]) HOLLEMANN, *Zeitschrift für physikalische. Chemie*, t. XXXIII 1900, p. 500.
([3]) OEttingen, *Zeitschrift für physikalische Chemie*, t. XXXIII, 1900, p. 1.
([4]) VAUBEL, *Zeitschrift für Electrotechnik*, 1895, p. 273.
([5]) H. MOISSAN, *Traité de Chimie minérale*, t. I, fasc. I, 1904, p. 388-389.

nous avons essayé d'opérer par série, mais la chose n'est possible que dans très peu de cas, car les différences de temps étudiées sont si petites et la variation des conditions peut devenir si grande, par suite du temps matériel nécessaire pour effectuer les expériences qui ne peuvent être faites simultanément ou à des intervalles assez rapprochés, qu'il ne faudrait point vouloir comparer rigoureusement n'importe lesquels des chiffres que nous donnons ici. Même pour ceux que nous avons groupés, il y a lieu, le plus souvent, de tenir compte des conditions, malgré tout différentes, dans lesquelles ils ont été obtenus.

Les résultats obtenus peuvent être traduits sous forme de courbes qui ont l'avantage d'être plus expressives que les chiffres eux-mêmes qui servent à les construire, en portant en abscisses l'intervalle de temps qui s'écoule entre l'instant où l'on verse le réactif et celui de l'apparition du trouble et en portant en ordonnées les valeurs de la concentration.

Ces courbes ont été construites avec les moyennes de plusieurs expériences; les chiffres que nous mettons à l'appui sont ceux des expériences qui nous ont paru les mieux conduites et nous ne les donnons que pour montrer seulement l'ordre de grandeur de la variation des phénomènes observés.

Chaque courbe a été obtenue en maintenant constant le volume du réactif et en faisant varier la concentration d'un même volume de solution.

En changeant la nature du réactif ou sa concentration, nous avons obtenu des courbes différentes qu'il suffit de comparer entre elles pour se rendre compte des modifications que la variation de ces éléments fait subir au phénomène.

En opérant ainsi, et sans nous occuper pour l'instant des composés formés, nous avons pu mettre en évidence les faits suivants :

1° En faisant varier uniquement la concentration de la solution du sel et en lui donnant des valeurs de plus en plus faibles on obtient une courbe qui, dans les cas étudiés, a l'allure d'une logarithmique descendante dont l'asymptote est parallèle à l'axe des temps et semble assez voisine de lui; ce qui indique que la durée de l'apparition du précipité augmente quand la concentration diminue et semble augmenter au delà de toute limite quand la concentration devient de plus en plus faible.

On voit que, numériquement, les ordonnées ne sont pas proportionnelles aux carrés des abscisses. Dans la première partie, la

Fig. 1.

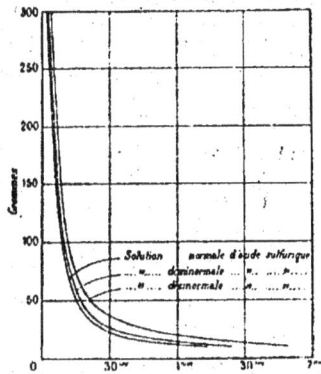

courbe ressemble à une parabole, mais en diffère à mesure que le temps augmente pour s'approcher de l'hyperbole.

Concentration de la solution de $S^2O^3Na^2$.	Solution de SO^4H^2		
	normale.	demi-normale.	déci-normale.
300...	2",5 à 3'	3',2	4',5
250...	3',5	4',5	5'
200...	4',5	5'	6'
150...	5',5 à 6'	7',3	8' à 8',5
100...	9'	10'	11',2
50...	15'	17'	20' à 21'
25...	27'	31',5	45' à 50'
20...	34'	42'	55' à 60'
10...	1'''',5 à 10'	1'''',15 à 20'	1'''',45 à 50'
5...	2''',50 à 3'''		

($l° = 12°$ environ).

2° Pour la solution du même sel, en faisant varier soit la nature du réactif, soit simplement sa dilution, on obtient des courbes différentes.

Concentration de la solution de $S^2O^3Na^2$.	Solution normale		
	de HCl.	de SO^{4}H^2.	de AzO^{3}H.
3oo............	3' faible	3' faible	3' faible
25o............	3',5	3',2	3',8
2oo............	3',2	3'	4',2
15o............	4',5	5',2	5',4
1oo............	6',5	6',2	6',8
5o............	12',4	11',8	12',5
25............	21' à 22'	22' à 23'	23' à 25'
1o............	58'	55' à 6o'	55'
5............	2',35 à 4o'	2',45 à 5o'	2',5o

$$(t^o = 15^o \text{ environ}).$$

Concentration de la solution de $S^2O^3Na^2$.	SO^{4}H^2 à 6o°B.	HCl à 22°B.	AzO^{3}H à 4o°B.	Acide chloroazoteux.
3oo......		2',5	2',8	8',8
25o......		2',8	3',5	9',5
2oo......		3',2	3',2 à 4'	12',5
15o......		3',6	4',2	17'
1oo......		5',2	5',8	25' à 3o'
5o......	3' à 3',2	9',5 à 10'	11',5	
25......	5' à 6'	18' à 19'	21' à 22'	
1o......	13',5	53'	5o' à 55'	
5......	27'	2^m,35		

$$(t = 15^o \text{ environ}).$$

Il serait intéressant de pouvoir comparer ces trois acides, car on sait que ces acides sont différents et qu'au point de vue catalytique, dans une solution décinormale par exemple, l'acide chlorhydrique est le plus fort et a 98 pour 100 de ions H, tandis que l'acide sulfurique n'en a que 75 pour 100. Mais la petitesse des valeurs observées pour les variations de temps, même en solution, et la difficulté du mélange immédiat à l'état pur en même temps que les phénomènes concomitants qui se produisent, comme l'élévation de la température avec l'acide sulfurique, viennent perturber et compliquer le phénomène et ne permettent pas de se rendre compte exactement de l'existence de relations semblables.

Après les remarques que nous avons faites ci-dessus, il y a lieu de noter encore comment s'effectue d'une façon générale la précipitation dans les expériences précédentes. Au bout d'un certain temps il se forme une opalescence bleuâtre qui va en augmentant, puis il y a apparition d'un précipité blanc de soufre qui prend ensuite une teinte jaune. Nous avons pris comme point de repère pour nos mesures l'apparition de l'opalescence ou tout au moins la teinte la plus faible qu'elle présente quand elle commence à s'accuser nettement, car, dans les solutions très étendues, on peut hésiter sur le moment précis où elle se montre. Selon la concentration ces différentes phases présentent elles-mêmes des variations qui paraissent analogues à celles que nous avons observées pour l'opalescence. Leur distinction n'est du reste pas aisée et, dans l'impossibilité où l'on est de les disjoindre, on ne peut guère les observer que pour les concentrations moyennes. Comme ces phases se trouvent toutes successivement retardées ou se précipitent les unes les autres selon que la concentration est très faible ou que la solution est très concentrée, il s'ensuit naturellement que l'on commet probablement une erreur assez grande, mais toujours dans le même sens et en plus, quelle que soit la dilution sur laquelle on opère, ou tout au moins une erreur qui va en diminuant à mesure que l'on se rapproche d'une concentration moyenne pour augmenter ensuite de nouveau à mesure que la dilution devient plus étendue. Pour les solutions très concentrées, les chiffres donnés doivent être en effet trop forts, parce qu'à peine a-t-on le temps de saisir l'apparition de l'opalescence que déjà les deux autres phases se montrent aussitôt, et pour les concentrations très étendues les chiffres doivent être également trop grands, mais pour une raison inverse, parce que l'opalescence s'accuse très lentement et que, si elle commence en réalité avant que nous l'apercevions, comme sa phase d'apparition devient très lente, elle ne devient peut-être sensible a notre observation que lorsqu'elle a atteint déjà une valeur assez grande. Enfin, il y aurait lieu de tenir compte, pour embrasser le phénomène tout entier, de la façon dont se produisent ces différentes phases et d'autres modifications comme les changements de coloration, mais, comme cette étude devient encore plus difficile et moins précise, à part certains cas où elles se présentent plus distinctement; nous nous en tiendrons pour le moment à l'étude de la première d'entre elles.

Il y a lieu de remarquer aussi que, pour des réactifs qui amènent la précipitation au bout de temps très voisins, le phénomène ne se présente pas cependant d'une façon identique. Pour un corps donné l'opalescence peut se produire au bout d'un temps presque égal à celui au bout duquel il se produit avec un autre réactif, mais elle peut s'accroître moins vite ou plus rapidement et ne point présenter la même intensité au bout d'un temps égal; en un mot le phénomène semble se présenter avec une activité différente. Il y aurait lieu par conséquent de voir si pour des corps commençant à précipiter à des moments très proches les uns des autres la précipitation se poursuit semblablement et si les quantités de précipité formées par la réaction restent, par exemple, proportionnelles au bout des mêmes temps ou bien selon quelle loi particulière ils s'accroissent. De même, si pour un même réactif il est vrai que l'opalescence et le temps qu'elle met à augmenter sont retardés dans des solutions de plus en plus diluées, pour un corps précipitant au bout d'un temps assez long, l'intensité du phénomène n'est pas toujours comparable à celle que l'on peut, avec un autre réactif, déterminant une réaction analogue, produire au bout d'un temps voisin par la dilution de la solution. Non seulement il y a lieu de tenir compte de la manière dont s'effectue la réaction, mais aussi de la façon particulière dont semble se présenter l'action propre de chaque corps.

Concentration de la solution de $S^2O^3Na^2$.	Acide hydrofluosilicique		Acide sélénique à 30°B.
	à 40°B.	à 12°B.	
250.........	2',5	3',8	3',5 à 3',8
200.........	3',5	4' à 4',2	5',5
150.........	4',5	5',5 à 5',8	6',8 à 7'
100.........	5',2	7',8	9',5
50.........	12'	15' à 16'	16'
25.........	22',5	27'	44'
10.........	45' à 47'	55' à 58'	3'''30°
5.........	1'''30° à 1'''35°	2'''5° à 2'''10°	

($t = 15°$ environ).

Parmi les combinaisons jouant le rôle d'acides complexes que fournit l'acide phosphorique, celui que ce dernier forme avec l'acide tungstique se comporte de la même manière.

Concentration de la solution de $S^2O^3Na^2$.	Acide phosphotungstique à 10 pour 100.
250	15ˢ à 16ˢ
200	17ˢ à 18ˢ
150	28ˢ à 30ˢ
100	40ˢ à 42ˢ
50	1ᵐ30ˢ
25	2ᵐ30ˢ
10	3ᵐ30ˢ à 4ᵐ

$$(t = 15°).$$

Bien que les phénomènes qui accompagnent la précipitation soient moins simples et se passent dans de moins bonnes conditions pour l'observation que dans les expériences précédentes, à cause de la coloration bleue qui se produit et augmente aussi plus ou moins vite selon la concentration, on peut saisir cependant l'apparition du précipité qui fait alors louchir la liqueur et en trouble la teinte. On ne distingue rien avec l'acide phosphomolybdique, car il colore encore plus intensivement la liqueur; mais, dans les solutions étendues, l'accroissement de la coloration, qui se fait alors lentement et progressivement sans que l'on distingue aucun phénomène brusque, semble également subir un retard d'après une loi analogue.

Cependant, avec l'acide phosphoantimonique, les choses ne semblent plus se passer tout d'abord de la même façon. Il y a un trouble, puis formation presque immédiate et très abondante d'un précipité blanc dans les solutions étendues, mais ce précipité qui s'explique, comme on le sait, par l'action que l'eau exerce sur les solutions des sels d'antimoine, diminue à mesure qu'augmente la concentration, si bien que, pour les concentrations élevées, il n'a presque plus qu'un léger trouble blanc, et peu après se forme un précipité jaune rouge qui, lui, semble suivre la même loi que précédemment et qui apparaît de moins en moins vite à mesure que la concentration diminue. Avec une solution d'hyposulfite de soude à $\frac{300}{1000}$, le précipité jaune apparaît vers 2ᵐ25ˢ environ à 15°.

3° Quand on fait réagir les composés que donne un même corps ou des corps ayant des propriétés voisines, on peut dire d'une façon générale qu'on obtient, pour les cas considérés, des courbes qui se superposent les unes aux autres d'une façon régulière.

a. Ainsi, en traitant l'hyposulfite de soude par les acides hypochloreux, au moins pour les concentrations moyennes, car pour celles plus étendues le phénomène semble plus complexe; par les acides chlorique à 20°B. et perchlorique à 30°B., 40°B. et 55°B.,

Fig. 2.

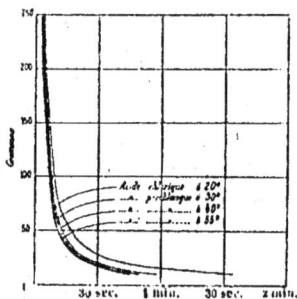

les courbes sont sensiblement parallèles et la plus basse est celle qui correspond à l'acide perchlorique le plus concentré.

Concentration de la solution de $S^2O^3Na^2$.	Acide perchlorique			Acide chlorique à 20°B.	Acide hypochloreux.
	à 55°B.	à 40°B.	à 30°B.		
300					5' à 6'
250	2',5	2',5 à 3'	3',5	4'	7',5
200	3',5	4'	4',5 à 5'	5' à 5',5	8',5
150	5'	5',5	6'	7'	10'
100	7'	7',3	8'	9' à 9',5	14' à 15'
50	11'	12',5	13'	18'	20' à 25'
25	21',5	23'	24'	32'	45' à 50'
10	45'	49' à 50'	55' à 60'	1'"30' à 1'"35'	

$(t = 16°)$.

Il paraît en être de même avec les acides phosphorique et phosphoreux, mais, à égalité de degré pour ces deux acides, à 45°B. par exemple, il est difficile de trancher la différence en faveur de l'un ou de l'autre, car l'écart est peu sensible et le mélange de l'acide qui est sirupeux se fait mal avec la solution d'hyposulfite.

Concentration de la solution de $S^2O^3Na^2$.	Acide phosphorique		Acide phosphoreux		
	à 60° B.	à 45° B.	à 45° B.	à 30° B.	à 20° B.
250....		3',5	3',5'	3',8	4'
200....		3',5 à 4'	3',5 à 4',2	4',8	4',2
150....		4',5	4',5 à 5',1	4',5 à 5'	5'
100....	3',5	6'	5',5	6',2 à 6',4	7'
50....	5'	9'	10'	10',5	11',5
25....	13',5	15',5 à 16'	16',5 à 17'	18',5	31' à 32'
10....	30' à 31'	38'	41',5	47'	56' à 58'
5....	58' à 1''''	1'''20' à 25'	1'''15' à 20'	1'''35'	2'''5' à 8'

$$(t = 15°).$$

b. En faisant agir sur des solutions aqueuses du même sel les acides chlorhydrique à 22°B., bromhydrique à 40°B. et iodhydrique à 30°B., les courbes se succèdent dans l'ordre des valeurs

Fig. 3.

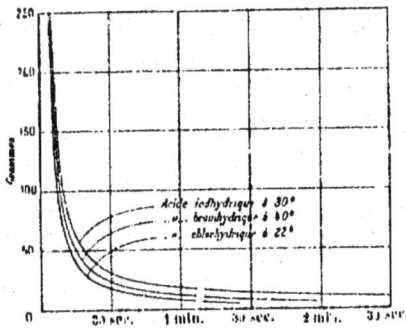

des poids atomiques, mais non cependant dans un rapport exact, la plus basse correspondant à HCl.

Concentration de la solution de $S^2O^3Na^2$.	Acide		
	chlorhydrique à 22° B.	bromhydrique à 40° B.	iodhydrique. à 30° B.
250............	3^s,5 à 4^s	4^s,5	4^s,5 à 4^s,8
200............	4^s,5 à 5^s	6^s	6^s,5
150............	5^s,8 à 6^s	6^s,5	7^s,5 à 8^s
100............	7^s,5 à 8^s	8^s à 9^s	10^s
50............	12^s,5	15^s	19^s
25............	21^s à 22^s	28^s à 29^s	38^s à 40^s
10............	50^s	1^{m}5^s à 1^{m}10^s	2^{m}35^s
5............	1^{m}25^s	1^{m}58^s	

$$(t = 13°).$$

c. En opérant avec un même acide HCl pur à 22° B. sur les hyposulfites d'ammoniaque, de soude, de strontiane, on obtient des courbes qui se superposent encore dans l'ordre des poids moléculaires, la plus basse correspondant à l'hyposulfite d'ammoniaque. Quant à l'hyposulfite de potasse, il ne semble pas se comporter de la même manière, et la faible différence qu'il manifeste avec l'hyposulfite de soude ne permet pas une comparaison exacte. Il semble que l'on retrouve ici l'activité plus grande que semble montrer la potasse et que l'on a déjà signalée. Avec l'hyposulfite de baryte qui est presque insoluble, dans une solution concentrée à la température de 15° environ, ce qui correspond à une solution voisine de 2 pour 1000, la précipitation apparaît de 3^{m}30^s à 4^m.

Concentration de la solution.	Hyposulfite			
	d'ammoniaque.	de soude.	de chaux.	de strontiane.
250......	3^s	3^s,5		
200......	3^s,5	4^s,5		5^s à 5^s,2
150......	4^s	5^s à 5^s,8		6^s,5
100......	5^s	7^s,5		8^s
50......	11^s	12^s		13^s à 13^s,5
25......	14^s	21^s,5	22^s	23^s à 24^s
10......	30^s à 32^s	50^s	55^s	1^m à 1^{m}5^s
5......	40^s	1^{m}25^s	1^{m}40^s à 1^{m}45^s	1^{m}50^s à 1^{m}55^s

$$(t = 13° \text{ environ}).$$

Du reste on a déjà montré que, dans certains cas, la variation de la vitesse d'une réaction par l'addition de certaines substances

solubles se fait dans le même sens que celle du poids atomique du
métal : « L'influence des sels neutres, écrit Van't Hoff [1], sur la
vitesse des réactions chimiques a été l'objet de plusieurs recherches.
Ainsi Ostwald [2] a trouvé que l'action de l'acide chlorhydrique
ou de l'acide azotique sur l'oxalate de calcium ou de zinc est accé-
lérée par l'addition de certains sels, le plus fortement par les sels
de K, moins par les sels de Na et de AzH⁴, dont l'effet est à peu
près le même, et moins encore par les sels de Mg. H. Grey [3] a
montré que les chlorures métalliques accélèrent la catalyse de l'acétate de méthyle par l'acide chlorhydrique. Cette influence accélé-
ratrice s'est montrée d'autant plus grande que le poids atomique
du métal est moindre. La vitesse de saponification par l'acide sulfurique fut diminuée par addition de sulfates, et l'action retardatrice
a varié dans le même sens que le poids atomique. Arrhénius [4] a
étudié l'action des sels neutres sur la vitesse de saponification de
l'acétate d'éthyle par les bases, et il a toujours trouvé un abaissement.
Celui-ci est le plus fort pour KI et diminue dans la série KAzO³,
KBr et KCl; les sels de Na, et plus encore ceux de Ba, produisent
un abaissement plus grand. Enfin, Spohr [5] et Arrhénius [6] ont
montré que la vitesse d'interversion du sucre de canne en présence des acides est toujours augmentée par l'addition d'un sel
neutre. »

Il y aurait lieu de rapprocher peut-être aussi de ces remarques
les observations faites par M. Gernez à propos de l'action des deux
molybdates alcalins de soude et d'ammoniaque sur le pouvoir rotatoire de l'acide tartrique : « Si l'on compare les expériences effec-
tuées avec les deux molybdates alcalins de soude et d'ammoniaque,
on constate que tous deux donnent, avec l'acide tartrique, des
combinaisons dont le pouvoir rotatoire est considérable et que les
combinaisons les plus nettes qu'indique la mesure des pouvoirs
rotatoires correspondent à un maximum. Or, tandis qu'avec le

---

[1] J.-H. VAN'T HOFF, Leçons de Chimie physique, trad. Corvisy, t. I, p. 218
[2] Journ. für praktische Chemie (nouvelle série), t. XXIII, p. 209.
[3] Loc. cit., t. XXXIV, p. 353.
[4] Zeitschr. für physikalische Chemie, t. I, p. 110.
[5] Loc. cit., t. II, p. 194.
[6] Loc. cit., t. IV, p. 226.

molybdate de soude, le maximum se produit, pour équivalents
égaux d'acide tartrique et de sel, avec le molybdate d'ammoniaque,
il se manifeste lorsqu'on emploie ½ d'équivalent de sel. Mais si
l'on considère que l'équivalent du molybdate d'ammoniaque,
$7MoO^3$, $3AzH^3$, contient trois équivalents de base, tandis que
celui du molybdate de soude, MoO^3, NaO, n'en contient qu'un
seul, on reconnaît que la rotation maxima correspond à la formation de composés qui, pour un équivalent d'acide, contiennent
tous deux un équivalent de base [1]. »

Du reste, ainsi que le remarque Mendéléeff à propos des recherches de Potylitsine : « Il est probable qu'une foule de réactions, qui nécessitent beaucoup de temps pour s'accomplir et ne
portent que sur de très petites quantités de substances, échappent
à l'attention des savants, soit parce qu'ils n'admettent pas la géné-
ralité de la théorie de Berthollet, ou bien qu'ils ne considèrent que
le côté thermochimique des réactions, ou encore qu'ils négligent
deux facteurs : le temps et l'influence de la masse [2] ».

Mais, bien qu'il paraisse y avoir probablement diverses relations
de ce genre, elles sont pour le moment fort difficiles à établir, car
des différences de temps très petites, comme celles auxquelles on
a à faire dans les cas présents, ne sont pas rigoureusement appré-
ciables avec les moyens dont on dispose et l'approximation des
observations ne permet pas d'établir exactement les rapports qui
peuvent exister entre les temps observés et certaines propriétés
connues. Nous n'avons du reste cherché qu'à mettre en évidence
et à déterminer les variations du temps dans certaines réactions et
nous n'avons pas essayé d'établir pour l'instant les relations pos-
sibles de ce facteur avec les autres propriétés des corps.

II. Avec les divers acides organiques que nous avons essayés, le
temps que la précipitation met à apparaître semble varier de la

---

[1] D. Gernez, *Recherches sur l'application du pouvoir rotatoire à l'étude
des combinaisons qui se produisent dans les solutions d'acide tartrique avec
les molybdates de soude et d'ammoniaque*, p. 127.

[2] Dimitri Mendéléeff, *Principes de Chimie*, trad. Achkinasi et Carrion, t. II,
p. 360.

même façon ainsi que le montrent les résultats suivants :

Acide formique

Concentration de la solution de $S^2O^3Na^2$.	à 95 p. 100. 25°-26° B.	à 85 p. 100. 24° B.	à 80 p. 100. 22° B.	à 70 p. 100. 20° B.	à 25 p. 100. 10° B.
250....	3',5	3',8	4',5	4',8 à 5'	5' à 5',2
200....	3',5 à 3',8	4',2	5'	5',2	6' à 6',2
150....	5'	5',2	6' à 7'	6',5	7' à 7',2
100....	6',5 à 6',8	6',8	8' à 8',2	8',4	8',8
50....	13',5	13',5 à 14'	14'	14',5	16' à 16',5
25....	26'	25'	38'	40'	42'
10....	1ᵐ à 1ᵐ5'	1ᵐ à 1ᵐ5'	1ᵐ8'	1ᵐ10' à 15'	1ᵐ15' à 20'
5. ..	2ᵐ15'				

Acide acétique

Concentration de la solution de $S^2O^3Na^2$.	à 97 p. 100. Cristallisable.	à 80 p. 100. 10° B.	à 40 p. 100. 8° B.
300	3',2		
250	3',5 à 4'	5'	5',2
200	4',2	6'	6',8
150	6',5	7',2	8',5
100	9'	9',5	11'
50	13',5	16',5	19',5
25	26'	40'	45'
10	1ᵐ20'	1ᵐ26'	1ᵐ35'
5		3ᵐ10' à 20'	3ᵐ45' à 4ᵐ

($t = 15°$ environ).

Fig. 4.

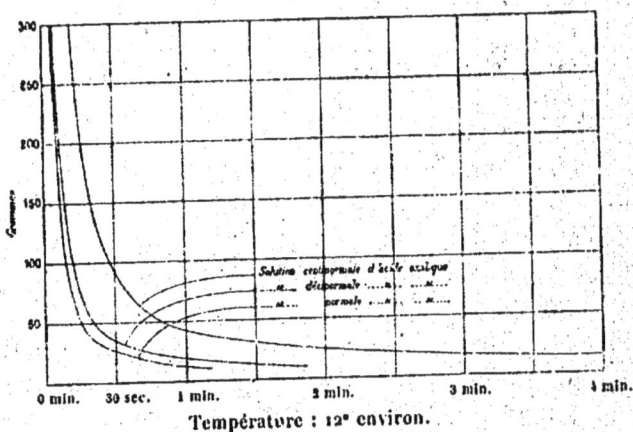

Température : 12° environ.

Concentration de la solution de $S^2O^3Na^2$.	Solution d'acide oxalique			Acide lactique à 25°B.
	normale.	décinormale.	centinormale.	
300......	3',5	4',2	10°,5	4'
250......	4'	4',8 à 5',2	12°,5	4',4
200......	5'	6',5 à 7'	15' à 16'	5'
150......	6',5	10'	20'	7',4
100......	8',5	12'	28' à 30'	14',5
50......	13' à 14'	18' à 19'	50'	30'
25......	26'	37'	1m50' à 2m	1m5' à 1m10'
10......	1m à 1m5'	1m45'	6m à 7m	2m30'

$$(t = 16°).$$

Avec l'hyposulfite de potasse et l'acide picrique la réaction ne se présente plus de la même manière qu'avec les autres hyposulfites; il apparaît au bout d'un temps plus court un précipité cristallin, puis la liqueur devient opalescente, toutefois à partir de 50 pour 1000, ces phénomènes deviennent comparables et sont également retardés à mesure que la concentration diminue.

Concentration de la solution d'hyposulfite.	Hyposulfite		
	d'ammoniaque.	de soude.	de strontiane.
300........		4'	
250........	3',8	4',2	
200........	4'	5',3	
150	4',4	6',8	9',5
100........	5',2	8',5 à 9'	10'
50........	9'	15'	15',2
25........	16'	28' à 30'	29'
10........	39' à 40'	1m20'	1m20' à 30'
5..	1m25' à 1m30'	2m55'	3m

$$(t = 14°).$$

Sans vouloir tirer des conclusions par trop hâtives de ces résultats, il est à remarquer cependant que, malgré leur très grande approximation, ils ne paraissent point en contradiction avec l'ordre qu'occupent par exemple certains de ces acides d'après leurs fonctions ou bien, pour quelques-uns d'entre eux, avec la classification qu'en a essayée Ostwald (¹), d'après ce qu'on appelle *l'avidité* selon Thomsen ou la *constante de l'affinité* dans la théorie de Gulberg et Waage.

III. Les différents chlorures qui agissent sur l'hyposulfite de soude et que nous avons essayés donnent des résultats semblables.

Si l'on opère avec le chlorure d'aluminium à 30°, on peut même remarquer entre plusieurs hyposulfites des différences analogues à celles que nous avions constatées précédemment, avec l'acide chlorhydrique, par exemple.

Concentration de la solution de $S^2O^3Na^2$.	Hyposulfite			
	d'ammoniaque.	de soude.	de potasse.	de strontiane.
200.....		$2^s,8$ à 3^s		
150.....	$2^s,8$	4^s		4^s faible
100.;....	3^s	$4^s,8$ à 5^s		5^s
50.....	5^s	$6^s,5$ à 7^s		$7^s,8$
25.....	$8^s,8$ à 9^s	14^s	10^s à $10^s,5$	13^s
10.....	$18^s,5$	37^s	23^s à 24^s	39^s
5.....	40^s	1^m30 à 1^m40^s	50^s à 60^s	1^m20^s

$$(t = 17°).$$

Les chlorures d'or et de platine en solution à 10 pour 100 se comportent de la même façon avec l'hyposulfite de soude, et celui de platine paraît agir plus rapidement que celui d'or; mais la teinte qu'ils communiquent à la liqueur rend l'observation plus difficile, et l'expérience avec ces deux corps est moins nette, parce que l'apparition, qui demande 10^s à 20^s avec ces deux réactifs et pour les concentrations les plus fortes, est assez longue et que la précipitation est, en outre, très lente à s'accroître.

Malgré l'action que l'eau exerce sur les sels d'antimoine et qui ne permet point de suivre aussi facilement la réaction, on voit, néanmoins, que la coloration rouge du précipité qui se forme avec le chlorure d'antimoine à 40° B., sans que la liqueur se trouble pour les concentrations élevées et celle que prend le précipité blanc qui

---

(¹) *Cf.* Lothar Meyer, *Les théories modernes de la Chimie*, trad. A. Bloch et J. Meunier, t. II, 1889, p. 168.

se produit instantanément dans les solutions étendues semble retardée de la même manière.

On sait, d'après M. A. Carnot, que : « Lorsque, dans une dissolution faiblement acide de chlorure de bismuth, on verse une dissolution assez concentrée d'hyposulfite de soude, la liqueur prend aussitôt une coloration jaune; elle reste d'ailleurs parfaitement claire, et même elle retrouve une complète limpidité, lorsqu'elle était un peu louche par défaut d'acide. Elle peut être ensuite additionnée d'eau en quantité quelconque, sans qu'il s'y produise aucun trouble, pourvu que l'on ait employé une quantité suffisante d'hyposulfite (3^g environ pour 1^g de bismuth). Cette liqueur, abandonnée à elle-même, s'altère peu à peu, et d'autant plus vite qu'elle est plus concentrée; il y a dépôt de sulfure de bismuth et formation de sulfites, réaction qui s'explique aisément par la décomposition d'un hyposulfite de bismuth.

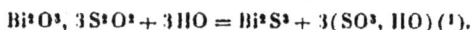

$$Bi^2O^3, 3S^2O^2 + 3HO = Bi^2S^3 + 3(SO^3, HO) \;(^1).$$

Et, comme le dit Ostwald, ce liquide clair qui se décompose lentement avec dépôt de sulfure « contient le sel de sodium d'un ion complexe bismuth-hyposulfite, car, par addition d'un sel de potassium, il se précipite un sel très difficilement soluble dans l'alcool,

$$K^3Bi(S^2O^3)^3 + H^2O,$$

qui est le sel de potassium de l'ion indiqué (^{1}). »

Si l'on reprend ces expériences en opérant indifféremment avec toutes les concentrations, et si l'on examine quel temps est nécessaire pour voir se produire la précipitation dans une solution de 1^g de sous-chlorure ou de chlorure de bismuth pour 100^{cm^3} d'eau acidulée de 7^{cm^3} d'acide chlorhydrique, mélangée, par exemple, à un même volume d'hyposulfite de soude, soit 10^{cm^3}, on obtient les chiffres suivants qui peuvent être rapprochés de nos autres expériences.

(^{1}) *Comptes rendus*, t. LXXXIII, 1876, p. 338.

(^{1}) Ostwald, *Éléments de Chimie inorganique*, trad. L. Lazare, t. II, p. 322.

Concentration de la solution de $S^2O^3Na^3$.	Sous-chlorure.	Chlorure.
300,...................	5',5	5',2
250,...............	6',2	6'
200,...............	8'	6',8 à 7'
150,....	10' à 10',2	9'
100,.	15' à 16'	13',5
75,......... ...	25'	21'
50,...... ....,	50' à 1''''	40'
25, ...	vers 30'''	8'''30' à 9'''

$$(t = 15°)$$

Dans ces conditions, la liqueur prend une teinte jaune de plus en plus claire à mesure que la concentration diminue quand on verse la solution de chlorure et il se produit, après un certain temps, une opalescence suivie d'un précipité jaune. A partir de $\frac{25}{1000}$ on ne distingue plus nettement l'opalescence; il se produit, après un temps qui ne semble plus en relation avec celui observé précédemment, un trouble brun, et le phénomène semble changer.

Fig. 5.

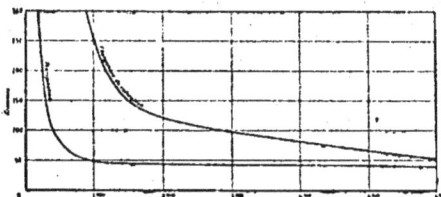

Si l'on opère avec une solution de bismuth de Carnot, le précipité jaune, après un temps variable, prend assez brusquement une teinte marron qui peut, par suite, être assez facilement appréciée, ce qui permet de compter également le temps que demandent la précipitation et ce changement de coloration à apparaître.

Concentration de la solution de $S^2O^3Na^2$.	Précipitation.	Changement de coloration.
3oo	1o^s à 11^s	
25o	12^s,5	1^m
2oo	15^s,5	1^{m}12^s
15o	17^s,5	1^{m}3o^s
1oo	24^s à 25^s	2^{m}5o^s
75	3o^s à 35^s	4^{m}1o^s
25	55^s	6^{m}1o^s
5o	1^h	1^{h}8^m à 1^{h}1o^m

Nous verrons plus loin comment se comportent également ces deux phénomènes, quand, pour une quantité donnée d'hyposulfite, on accroît celle du chlorure de bismuth.

On peut également faire des observations doubles analogues à celles obtenues par l'action de la solution de chlorure de bismuth de Carnot, avec les réactifs qui, comme le chlorure ferreux, donnent naissance à des phénomènes de coloration disparaissant au bout d'un certain temps et qui déterminent ensuite des précipités.

Avec le chlorure ferreux la fin de la décoloration et le commencement de la précipitation semblent se produire selon deux courbes analogues dont la plus basse est séparée de la plus haute par une

Fig. 6.

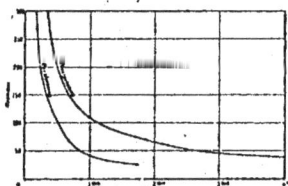

région qui représente le temps durant lequel la décoloration semble être devenue complète et où la précipitation n'est pas encore sensible. Il est probable, du reste, qu'elle ne correspond pas à un intervalle de temps pendant lequel il ne se passerait aucune action chimique dans la liqueur, mais il représente celui pendant lequel on ne peut rien distinguer. A mesure que la concentration diminue, la coloration qui devient de moins en moins foncée disparaît de moins en moins vite et la précipitation qui est de moins en moins abondante demande, suivant une loi analogue, de plus en plus de temps pour apparaître. C'est ce que nous avons essayé de représenter par la figure ci-jointe.

Fig. 7.

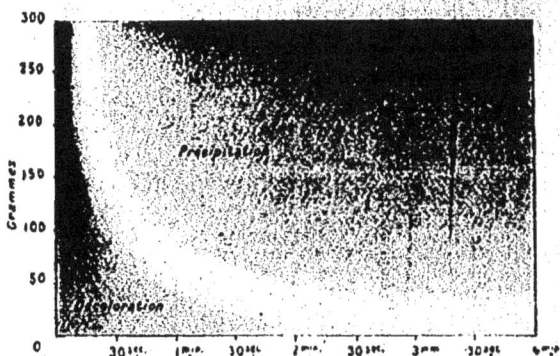

Avec l'hyposulfite de potasse on ne distingue pas les deux phénomènes et la précipitation commence, surtout pour les concentrations élevées, avant la fin de la décoloration. L'apparition du précipité paraît même se faire plus vite qu'avec l'hyposulfite d'ammoniaque, elle commence entre 12^s et 15^s pour la solution à $\frac{150}{1000}$, entre 25^s et 30^s pour celle à $\frac{100}{1000}$; cependant, plus la concentration diminue, plus les deux phases deviennent distinctes. Pour la solution à $\frac{30}{1000}$, la décoloration sans être entièrement complète se fait vers 1^m et la précipitation demande environ 1^m30^s à 1^m40^s à apparaître. On retrouve donc, dans ce cas encore, l'activité plus grande de la potasse que nous avions déjà observée avec divers réactifs. Mais ces chiffres sont très variables d'une expérience à l'autre, car l'appréciation de la fin de la décoloration par rapport à un tube témoin ne peut être qu'approximative et, en outre, l'altération rapide du chlorure ferreux, au bout d'un temps relativement court, rend possible des écarts importants dans les observations.

	Hyposulfite					
Concentration de la solution de S²O³Na²	d'ammoniaque.		de soude.		de strontiane.	
	Décoloration.	Précipitation.	Décoloration.	Précipitation.	Décoloration.	Précipitation.
300..........	6°,5 à 7°,5	10° à 11°	10° à 11°	20° à 23°		
250..........	7°,5 à 8°	11°,5	12° à 13°	23° à 25°		
200..........	8° à 9°	15°	17° à 14°	28° à 35°		
150..........	10° à 20°	24° à 25°	20°	40° à 44°	25°	50° à 55°
100..........	30°	40° à 42°	30° à 35°	1ᵐ10°	45°	1ᵐ20° à 1ᵐ25°
50..........	1ᵐ5° à 1ᵐ10°	2ᵐ10°	50° à 1ᵐ5°	2ᵐ35ᵐ	1ᵐ30° à 1ᵐ35°	3ᵐ20° à 3ᵐ30°
25..........				8ᵐ à 9ᵐ	4ᵐ30° à 5ᵐ	10ᵐ à 12ᵐ
10..........				25ᵐ à 30ᵐ		

$(t = 20°$ environ$)$.

Avec le bromure de nickel à 40°B., la précipitation apparaît selon la même loi au bout des temps suivants :

Concentration de la solution $S^2O^3Na^2$.	Bromure de nickel.
300	9ˢ
250	12ˢ à 13ˢ
200	15ˢ
150	18ˢ
100	22ˢ à 23ˢ
50	55ˢ à 60ˢ
25	2ᵐ 5ˢ
10	5ᵐ 30ˢ à 6ᵐ 30ˢ

$$(t = 15°).$$

IV. On sait qu' « avec une solution d'hyposulfite de sodium, à 33 pour 100, et en employant la quantité d'eau oxygénée indiquée dans la réaction, on obtient, en versant celle-ci dans l'hyposulfite, et en maintenant la solution neutre par addition graduelle d'un acide : $2Na^2S^2O^3 + H^2O^2 = 2NaOH + Na^2S^2O^6$. Si l'eau oxygénée est en excès, le dithionate est oxydé en sulfate ; si on laisse la solution devenir alcaline, la réaction change :

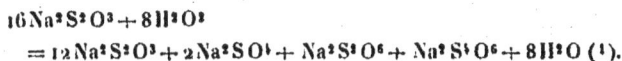

$$16Na^2S^2O^3 + 8H^2O^2$$
$$= 12Na^2S^2O^3 + 2Na^2SO^4 + Na^2S^4O^6 + Na^2S^4O^6 + 8H^2O \ (^1).$$

Il convient en effet, dans toutes ces expériences, de tenir compte pour la comparaison des temps au bout desquels apparaît la précipitation, des réactions successives ou intermédiaires qui se produisent, et l'on ne peut rapprocher le temps employé par l'action simple et directe de deux corps de celui qui est nécessaire pour une réaction complexe où différentes actions secondaires interviennent.

En faisant agir, vers 15°, 2ᶜᵐ³ d'eau oxygénée de Merck à 100 pour 100 en volume sur 10ᶜᵐ³ d'une solution d'hyposulfite de soude à 250 pour 1000, il y a précipitation au bout de 30ˢ à 35ˢ

(¹) H. MOISSAN, *Traité de Chimie générale*, t. I, 1904, p. 391.

et entre 40° et 45° avec une solution à 200 pour 1000. L'échauffement énorme qui se produit avec les concentrations élevées et la
diminution très rapide du précipité avec les concentrations plus
faibles rendent difficiles les expériences sur une échelle plus
étendue.

D'après ce qui précède il semble donc que le temps que met le
trouble opalescent à apparaître avec les divers corps précipitant
les solutions d'hyposulfite de soude et que j'ai essayés, acides,
chlorures, etc., varie en général avec chacun de ces derniers; que
l'apparition de ce trouble pour ces divers réactifs ou leurs dilutions
et avec les solutions du même sel de plus en plus étendues semble
se produire ou être retardée suivant des courbes du même genre et
qui indiquent une loi de variation de même nature, mais qui
semblent se distinguer par une certaine constante propre.

N'y a-t-il point là quelque chose de comparable à ce qu'indiquait
déjà Berthollet quand il disait : « Indépendamment de l'énergie de
leur action, les substances paraissent avoir une disposition différente à produire plus ou moins promptement les combinaisons
qu'elles forment ([1]). »

Mais il est assez difficile de saisir exactement avec l'œil et de
noter, même pour les précipités qui sont les plus lents à se former
et surtout pour ceux qui se forment encore dans les solutions très
étendues, le moment précis de leur apparition ou bien les changements de coloration par lesquels ils peuvent ensuite passer;
aussi, nous avons essayé de les fixer par la chronophotographie,
qui permet de grouper toute une série de tubes de concentrations
différentes et dans lesquels on verse le même réactif, ou de même
concentration et dans lesquels on verse alors des réactifs différents, afin d'obtenir sur un même film ces phénomènes successifs
dans toutes leurs phases et avec leurs relations réciproques.

Les tubes sont placés devant une chambre obscure constituée,
par exemple, par une caisse noircie intérieurement et formant fond
noir. La disposition par transparence nous a semblé moins avan-

---

([1]) BERTHOLLET, *Essai de statique chimique*, an XI, 1803, t. I, § IV; *De la
propagation de l'action chimique*, p. 427.

Fig. 8. — Les tubes contenaient de gauche à droite des solutions d'hyposulfite de soude à 10, 25, 50, 100, 150, 200 pour 1000. Chaque tube recevait 10cm² de liqueur normale d'HCl pour 50cm² de solution, la fin du versement a lieu à la troisième image. Les images se lisent de haut en bas et de gauche à droite. Une image par seconde environ.

tageuse. L'opalescence de la liqueur forme du reste une teinte bleuâtre qui vient très facilement.

J'ai surtout employé ce procédé qui permet un enregistrement simultané de plusieurs réactions pour faire des études comparatives et à titre de vérification, car malheureusement il ne nous a pas paru sensiblement plus exact que l'observation directe ([1]).

Comme on le voit, il serait donc fort intéressant, et là est précisément toute la difficulté, de mesurer exactement ce temps qui s'écoule avant l'apparition de la précipitation et qui dans les mêmes conditions paraît varier avec chaque corps ; mais la valeur entre ces différents coefficients qui semblent propres à chacun de ces derniers est pour beaucoup d'entre eux trop petite pour qu'on puisse la déterminer exactement.

Chacune des courbes précédentes a été obtenue en opérant à une température constante pour une même série d'observations, et avec une même quantité de réactif, habituellement 2^{cm³} pour 10^{cm³} de solution d'hyposulfite, mais il y a lieu d'étudier l'influence qu'exercent également, sur la forme et la position des courbes, d'autres éléments, comme la quantité du réactif utilisé ou le temps employé à verser la même quantité de ce réactif, l'influence des corps dissous dans la solution d'hyposulfite ou dans le réactif, la nature du dissolvant, la température, etc.

Nous allons examiner successivement l'action produite par les variations de ces différents facteurs et l'influence du changement de chacune de ces conditions sur le temps que met à se produire la précipitation, de manière à définir dans la mesure du possible et à démêler la complexité de ce phénomène.

([1]) G. GAILLARD, *Enregistrement photographique de l'apparition de certains précipités* (*Bull. Soc. franç. de Photogr.*, 2ᵉ série, t. XX, 1904, nᵒ 10, p. 257).

II. — INFLUENCE DES QUANTITÉS RESPEC- TIVES DE RÉACTIF OU DE SOLU- TION MISES EN PRÉSENCE POUR UNE MÊME QUANTITÉ DE L'UN D'EUX.

1° Influence de la quantité de réactif employé pour un même volume d'une solution d'hyposulfite de soude.

a. Avec l'acide pur. — Si, pour un même volume de solution d'hyposulfite de soude de concentration connue, on met en présence des quantités de plus en plus grandes de HCl pur à 22° B. par exemple, l'apparition de la précipitation est retardée de la manière indiquée par les courbes suivantes.

Le temps le plus court qui s'écoule avant que se fasse l'apparition

Fig. 9.

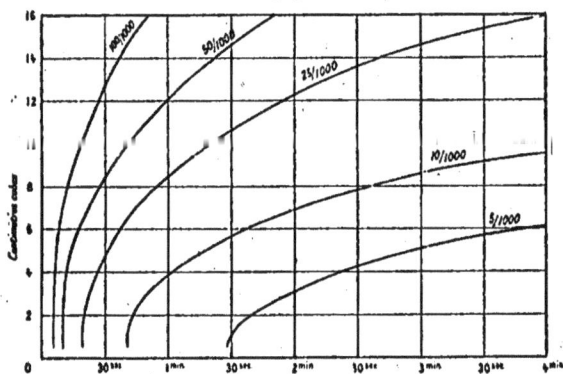

d'un précipité semble devoir être compté pour les plus petites quantités d'acide versées dans nos expériences, mais il est toute- fois difficile de savoir si ce temps ne passerait pas par un minimum pour des quantités un peu plus grandes, c'est-à-dire pour une certaine proportion du mélange, et variant avec la concentration.

Volume de HCl pur à 22° pour 10cm³ de solution de $S^2O^3Na^2$.	Concentration de la solution d'hyposulfite de soude, pour 1000.				
	100.	50.	25.	10.	5.
cm³	'	'			
0,5...	6,2	11	18' à 19'	40'	1m28' à 1m29'
1.....	6	11	18',5	41'	1m29' à 1m30'
1,5...	5,2	10,5	19' à 20'	43',5	1m34'
2.....	5,5	10	20'	44' à 45'	1m40'
2,5...	5,8	10,5		49'	1m50'
3.....	6	10,8	22'	50'	2m
3,5...	6	11,2		56'	2m10'
4.....	6,1	11,8	26' à 27'	1m 3'	2m23'
4,5...	6,5	13		1m10'	2m40'
5.....	7	14	31' à 32'	1m20'	2m58' à 3m
6.....	8	18	37'	1m35'	3m45'
7.....	10	22	40'	2m 5'	5m
8.....	12	27,5	55'	2m40'	6m30'
9.....	15	33	1m 8'	3m15' à 3m20'	7m45' à 7m55'
10.....	17	41	1m19'	4m20'	
11.....	22,5	50	1m35'		
12.....	27,5	59	1m55'		
13.....	31,5	1m12	2m18' à 2m20'		
14.....	36,5	1m23	2m40'		
15.....	43	1m39	3m15'		
16.....	50' à 52'	1m50' à 1m55'	4m5' à 4m10'		

(t = 16° environ).

Il est à noter qu'il se produit un échauffement d'autant plus considérable que l'on fait réagir une plus grande quantité d'acide et, par conséquent, il importe, dans l'interprétation de ces données, de tenir compte de ce facteur important qui vient compliquer encore les conditions dans lesquelles se font les observations.

b. *Avec l'acide en solution.* — Si, maintenant, au lieu d'opérer avec HCl pur, on prend une solution normale d'acide chlorhydrique, on obtient encore un retard dans l'apparition du précipité à mesure que l'on augmente le volume du réactif, mais le retard croît cependant beaucoup moins vite, en sorte que, pour les volumes les plus grands, la précipitation apparaît plus tôt qu'avec l'acide pur, bien que le temps soit d'abord plus grand que précédemment pour les volumes les plus petits, et se produit selon des lignes presque droites.

Volume de solution normale de HCl pour 10cm³ de solution d'hyposulfite de soude.	Concentration de la solution d'hyposulfite de soude, pour 1000.				
	100.	50.	25.	20.	5.
1.....	8' à 9'	13'	33'	51' à 52'	1ᵐ51'
2.....	8',5	13',2	32'	54'	1ᵐ54'
3.....	8',8	13',5	32',5	57'	1ᵐ58'
4.....	8'	14'	33',5	60'	2ᵐ5'
5.....	8',5	14',5	35'	1ᵐ4' à 1ᵐ5'	2ᵐ9'
6.....	9'	15',5	36' à 37'	1ᵐ8' à 1ᵐ10'	2ᵐ15'
7.....	9',2	16'	38',5	1ᵐ13' à 1ᵐ14'	2ᵐ24'
8.....	9',5	16',5	40'	1ᵐ16'	2ᵐ32'
9.....	9',8	16',8	41',5	1ᵐ21'	2ᵐ40'
10.....	10'	17'	44'	1ᵐ24' à 1ᵐ25'	2ᵐ47' à 2ᵐ48'
11.....	11'	17',5	46'	1ᵐ30'	2ᵐ57'
12.....	11',3	18',5	48'	1ᵐ35'	3ᵐ5'
13.....	12'	19' à 20'	50'	1ᵐ40'	3ᵐ13'
14.....	12',5	21'	51',5 à 52'	1ᵐ44' à 1ᵐ45'	3ᵐ22'
15.....	12',8	21',5	54'	1ᵐ,49	3ᵐ30' à 3ᵐ32'
16.....	13'	22',5	56'	1ᵐ,53	3ᵐ40'
17.....	13',5	23'	58' à 59'	1ᵐ,57	3ᵐ48'
18.....	14'	24'	1ᵐ3'	2ᵐ	3ᵐ55' à 3ᵐ60'
19.....	14',5	25'	1ᵐ6'	2ᵐ4'	
20.....	14',8 à 15'	26'	1ᵐ8' à 1ᵐ10'	2ᵐ8' à 2ᵐ10'	

$(t = 16°$ environ$)$.

Fig. 10.

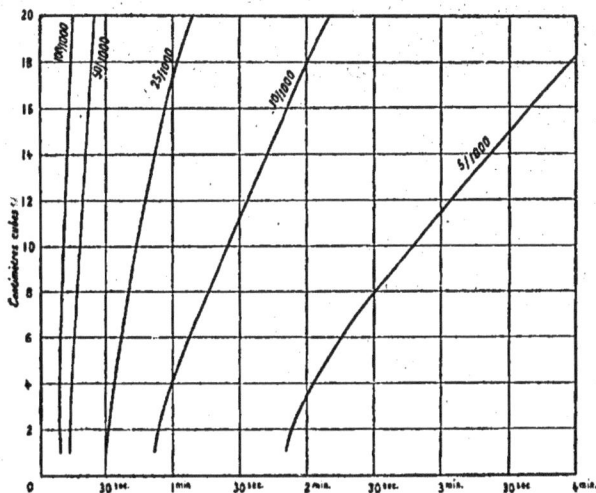

(c). Avec le chlorure d'aluminium à 30°B. il y a également un retard :

Volume de chlorure d'aluminium à 30° pour 10 cm³ de la solution de S^2O^3Na.	Solution de $S^2O^3Na^2$ à 50 p. 1000.
1..........................	10ˢ,5
5..........................	10ˢ,5 à 11ˢ
10..........................	13ˢ,5
15..........................	18ˢ à 19ˢ

On obtient de même un retard en faisant réagir une quantité de plus en plus grande d'une solution de chlorure de bismuth de Carnot sur un même volume d'hyposulfite ; et l'on peut étudier, en même temps que le retard qui a lieu pour la précipitation, celui qui se produit pour le changement de coloration du précipité dont la teinte jaune passe assez brusquement au brun marron pour pouvoir être facilement observée.

Volume de la solution de Carnot pour 10cm³ de la solution de S²O³Na². cm³	Temps au bout duquel apparaît	
	la précipitation.	le changement de coloration.
1....................	10ˢ à 11ˢ	1ᵐ6ˢ
2....................	10ˢ,5	1ᵐ39ˢ
3....................	11ˢ,5	2ᵐ30ˢ
4....................	13ˢ à 13ˢ,5	3ᵐ50ˢ
5....................	16ˢ à 17ˢ,5	5ᵐ à 6ᵐ
6....................	22ˢ à 23ˢ	7ᵐ50ˢ
7....................	29ˢ à 30ˢ	12ᵐ10ˢ
8....................	1ᵐ à 1ᵐ10ˢ	

Fig. 11.

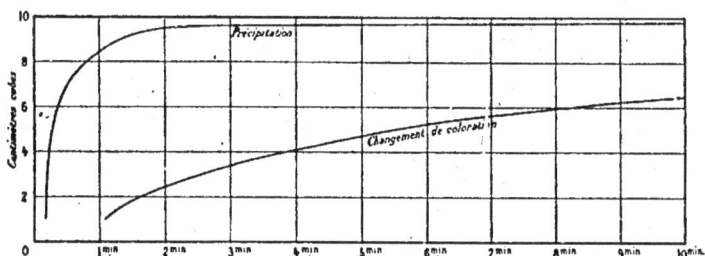

2° Influence de la quantité de solution d'hyposulfite de soude que l'on met en présence d'un même volume de réactif.

Inversement, si, à un même volume de réactif, on ajoute des quantités croissantes d'une solution d'hyposulfite de concentration donnée, soit que l'on opère avec l'acide pur ou en solution, on obtient pour le temps d'apparition du précipité les chiffres ci-dessous qui n'indiquent plus une variation analogue à celle observée dans les conditions précédentes pour une modification correspondante dans la proportion de deux corps :

Volume de la solution de $S^2O^3Na^2$ à 50 p. 1000.	2^{cm^3}	
	acide chlorhydrique à 22°.	solution normale de HCl.
cm^3		
10	$9',2$	$12'$
20	$9',5$	$12',2$
30	$9',5$	$12^s,8$
40	$10'$	$12^s,8$ à $13'$
50	$10'$	$12^s,5$ à $13'$

Ici, le léger retard observé ne paraît pas se rattacher réellement à une modification de l'action chimique, mais semble rentrer dans les erreurs d'expérience, et s'il est vrai, par exemple, que les quantités du précipité formé restent les mêmes, il est possible que ce retard soit dû à ce que l'opalescence déterminée par cette quantité de précipité formée se produisant au bout du même temps dans une quantité plus grande de solution, semble naturellement plus faible pour un même trouble réparti dans un volume plus grand et demande, par conséquent, un peu plus de temps pour acquérir la même intensité.

III. — INFLUENCE DES QUANTITÉS DE SOLUTION ET DE RÉACTIF MISES EN PRÉSENCE POUR UNE PROPORTION DONNÉE DE CHACUNE D'ELLES.

Après les observations précédentes, il était intéressant de vérifier si, pour une proportion déterminée de solution d'hyposulfite et de réactif donné, le temps que met la précipitation à apparaître était modifié par la quantité des corps mis en présence.

Comme on pouvait s'y attendre, il ne semble pas y avoir de modification, quelles que soient les quantités des deux corps sur lesquels on opère du moment que le rapport des volumes de chacun d'eux reste constant.

Quantité		Concentration de la solution de $S^2O^3Na^2$ pour 1000.		
d'hyposulfite de soude.	d'acide chlorhydrique pur à 22°.	150.	100.	50.
cm³	cm³			
10	2	4°,5	6°,5	10°,5 à 11°
50	10	4°,8 à 5°	6°	11°,2
100	20	4°,8	6°	10°,8
500	100	4°,5		
		($t = 14°$).		

IV. — INFLUENCE DU TEMPS EMPLOYÉ AU VERSEMENT POUR EFFECTUER LE MÉLANGE.

Une des difficultés pour mesurer exactement le temps que met le trouble à apparaître dans les expériences précédentes est due, comme nous l'avons vu, non seulement au mélange parfois plus ou moins complet des liquides par suite de leur état ou de leur différence de densité, mais encore au temps propre employé pour verser le réactif dans la solution ou à verser la solution sur le réactif.

Nous avons toujours opéré en versant brusquement le réactif et nous n'avons pas tenu compte du temps appréciable, mais pratiquement négligeable par rapport aux autres causes d'erreur, que l'on met à l'effectuer. Cependant si, pour 10 cm³ d'une solution décinormale d'hyposulfite de soude, on emploie, par exemple, des temps variant de 3 à 18 secondes pour verser 2 cm³ de HCl pur à 22°B, à l'aide d'une burette, le temps d'apparition est retardé

de 20 à 30 secondes environ. Il y a donc, comme on le voit, un
écart notable :

Temps			
employé pour verser 2$^{cm^3}$ de HCl pur à 22° dans 10$^{cm^3}$ de solution décinormale de S^{2}O^{3}Na^2.	au bout duquel apparaît le précipité.	employé pour verser 10$^{cm^3}$ de solution décinormale de S^{2}O^{3}Na^2 dans 2$^{cm^3}$ de HCl à 22°.	au bout duquel apparaît le précipité.
0'	19'	0'	18',5 à 19'
10'	23' à 23',5	10'	22'
15'	25',5 à 26'		
20'	30' à 33'	20'	24'

Si, inversement, on emploie des temps de plus en plus grands
pour verser 10$^{cm^3}$ d'hyposulfite décinormale sur 2$^{cm^3}$ de HCl pur
à 22°B. on constate également un retard dans l'apparition du précipité, mais il semble moins considérable que dans le cas précédent.
Si l'on s'arrange même pour que les 10$^{cm^3}$ de la solution d'hyposulfite de soude s'écoulent en 1 minute, l'apparition du précipité se
fait vers 35 secondes, soit quand un peu plus de la moitié de la
solution à verser s'est écoulée.

Ceci tendrait donc encore à montrer que, pour des quantités
données de corps mis en présence, le temps que mettent ces corps
à entrer en réaction paraît bien avoir une valeur propre dépendant
de chacun d'eux, des proportions dans lesquelles ils se trouvent
et en outre des con itions dans lesquelles ils sont mis en présence,
ce qui concorde du reste avec les résultats obtenus précédemment
et plus particulièrement avec ceux que nous avons obtenus, soit
en faisant réagir une quantité croissante d'acide, soit inversement
en augmentant la quantité de la solution d'hyposulfite mise en
présence d'un volume donné du réactif.

V. — INFLUENCE DE L'ORDRE DANS LEQUEL LE VERSEMENT EST EFFECTUÉ.

Nous avons été amené au cours de ces expériences à verser le réactif dans la solution ou la solution sur le réactif, soit que la consistance du liquide rendît difficile le transvasement d'un vase dans un autre, soit que, pour plus de commodité, lorsque l'on faisait varier les proportions, on préférât verser la quantité la moins grande dans la plus forte.

Il est difficile d'apprécier cependant la différence que peut produire cette interversion opératoire, mais néanmoins il nous a semblé, dans certains cas où nous avons été conduits à le faire, que le temps était diminué quand on versait la solution sur le réactif; du reste, c'est ce que paraît montrer aussi, comme on vient de le voir, la différence de retard amenée dans la précipitation en faisant varier le temps employé pour effectuer le versement selon que l'on verse l'un dans l'autre l'un ou l'autre corps.

Il y a lieu de rapprocher les résultats obtenus dans ces deux dernières séries d'expériences sur le temps employé au versement et l'ordre dans lequel il est effectué, des observations analogues faites par MM. V. Henri et A. Meyer[1] sur la variabilité du pouvoir précipitant dans les solutions colloïdales. « Il est, en effet, connu, écrivaient ces auteurs, que la précipitabilité d'une solution colloïdale par un électrolyte n'est pas une grandeur fixe que l'on retrouve toujours, quelles que soient les conditions de l'expérience, mais que la quantité d'électrolyte nécessaire pour précipiter un colloïde dépend beaucoup du mode opératoire. » Et ils signalent de même l'importance de ces deux conditions que nous venons d'examiner :

« (a). *Influence du sens de l'addition.* — L'ordre dans lequel

---

[1] *État actuel de nos connaissances sur les colloïdes* (*Rev. gén. des Sciences*, 15 déc. 1904, p. 1068).

on mélange les solutions n'est pas indifférent. Ainsi on trouve un nombre souvent plus faible si l'on ajoute le colloïde à la solution de l'électrolyte que dans le cas contraire.

» (b). *Influence de la vitesse d'addition.* — La vitesse avec laquelle on ajoute l'électrolyte a une grande importance, ainsi que l'ont démontré Freundlich ([1]), Höber et Gordon ([2]). Par exemple, Freundlich ajoute à 20$^{cm^3}$ d'une solution colloïdale de sulfure d'arsenic, contenant 5,75 millimolécules As^{2}S^3 par litre, 2$^{cm^3}$ d'une solution de BaCl^2 contenant 9,55 millimolécules par litre, et il observe une précipitation complète en 2 heures. En ajoutant goutte à goutte la même quantité de BaCl^2 en 18 heures, ou en 27 jours, ou en 45 jours, il trouve que la solution ne précipite plus du tout. Pour la précipiter en 2 heures, il faut encore ajouter après 18 heures 1$^{cm^3}$,5, et après 45 jours 2$^{cm^3}$ de la solution de BaCl^2. Par conséquent, en ralentissant l'addition d'électrolyte, on maintient le sulfure d'arsenic à l'état colloïdal en présence d'une quantité de sel suffisante pour le précipiter si on l'ajoute d'un seul coup. »

D'après eux, du reste « cette influence de la vitesse d'addition a un intérêt théorique » car « elle permet, concluent-ils, de rapprocher les phénomènes de précipitation des colloïdes des transformations très lentes, telles que la diffusion et la production des équilibres de répartition ». Il en est de même, jusqu'à un certain point, pour la précipitation dans les solutions que nous venons d'étudier.

([1]) FREUNDLICH, *Ueber das Aussalzen Kolloïdaler Lösungen durch Elecktrolyte* (*Zeit. f. phys. Ch.*, t. XLIV, 1903, p. 129).

([2]) HÖBER et GORDON, *Zur Frage der physiologischen Bedeutung der Kolloïde* (*Beitr. z. chem. Physiol. u. Pathol.*, t. V, 1904, p. 432).

VI. — ACTION DES CORPS MÉLANGÉS A LA SOLUTION DU SEL OU AU RÉACTIF.

I. On a vu plus haut, en cherchant à étudier l'économie de la réaction qui se produit lors de la précipitation d'un thiosulfate par un acide, que pour certains auteurs, comme Colefax, l'acide thio-sulfurique existe pendant un temps très court dans la solution et que, pour d'autres, comme Hollemann et OEttingen, l'acide thio-sulfurique se détruit au moment même où le sel est décomposé. On a remarqué à ce propos que : « si l'on acidule une solution de thiosulfate de sodium, puis que, sans attendre qu'elle se trouble, on la réalcalinise avant toute apparition de soufre, on observe, après quelques instants, que la solution neutralisée laisse déposer du soufre ([1]) ».

Si l'on envisage ces mêmes phénomènes au point de vue où nous nous sommes placé, on voit que le temps qui s'écoule avant l'apparition de la précipitation subit alors des variations suivant que l'on opère avec l'acide à l'état pur ou en solution, et suivant la quantité de solution alcaline que l'on ajoute à la solution de thiosulfate.

Si l'on mélange des quantités croissantes de soude normale à une solution d'hyposulfite à 25 pour 1000 et que l'on verse ensuite 2^{cm³} de HCl pur à 22° B., la précipitation est de plus en plus retardée et arrive même à ne plus se produire.

Au contraire, si l'on verse la solution normale de soude à des intervalles de temps déterminés après le réactif, l'apparition de la précipitation se fait plus rapidement pour des quantités croissantes de la solution alcaline. Mais, dans ce cas, comme au reste dans beaucoup d'autres, il serait intéressant de pouvoir tenir compte

---

([1]) H. MOISSAN. *Traité de Chimie minérale*, t. I, fasc. I, 1904, p. 388.

Volume de la solution normale de soude ajoutée à 10cm³ de la solution de S²O³Na² à 25/1000.	On a versé la solution de soude avant de verser 2cm³ de HCl pur à 22°.	On a versé la solution de soude	
		5' après HCl.	10' après HCl.
0	15'		
5.....	19' à 20'	18',5 à 19'	18'
10.....	23',5	18',5	16' à 16',5
15.....	26'	18'	13',5 à 14'
20.....	30'	13' à 14'	12',5
25.....		10'	11'
30.....		8',5	
à 50/1000.			
0.....	11'		
5.....	13'	10' faible	
10.....	13',5 à 14'	9',2	
15.....	17',5	8'	
20.....	22',5	6',5	

de la quantité du précipité formé dans le même temps, car, si le temps qui s'écoule avant l'apparition du précipité diminue, par contre l'opalescence est très faible et la précipitation moins abondante.

Avec HCl en solution normale et en opérant comme dans cette dernière expérience, le temps est moindre primitivement et semble aller en augmentant à mesure que la quantité de solution de soude devient plus grande, mais, ici aussi, l'opalescence devient plus faible et la précipitation moins abondante. Le phénomène ne se présente pas distinctement et le versement de la soude semble déterminer l'apparition de l'opalescence.

Aussi, sans chercher à trancher la question de savoir s'il faut admettre, comme on l'a dit, que le soufre se trouve transitoirement à l'état soluble dans la liqueur, ce qui a pu faire croire à la stabilité relative de l'acide thiosulfurique, on peut se rappeler, comme le dit Ostwald [1], que, « en effet, l'ion S^2O^3 n'est pas aussi stable

---

[1] Les principes scientifiques de la Chimie analytique, trad. Aug. Hollard, 1903, p. 178.

en solution acide qu'en solution neutre ou alcaline, car en présence de l'ion $\overset{+}{H}$ il est susceptible de former des corps peu ou point dissociés : du soufre et de l'acide sulfureux. Ce phénomène ne comporte aucune réaction d'ions; il n'est donc pas instantané; le temps qu'il met à se produire dépend de la concentration des ions $\overset{+}{H}$. »

A propos de la décomposition de l'hyposulfite de soude par un acide, W. Ostwald a encore signalé que « la présence de sulfites retarde ou arrête complètement cette décomposition. Plus il y a de sulfites dans la solution, plus on peut y ajouter d'ion hydrogène, ou, en d'autres termes, plus on peut la rendre fortement acide sans que le soufre soit mis en liberté. (¹) »

D'après cet auteur « on s'explique ce phénomène par la réaction qui a lieu entre les ions en présence, et dont voici l'équation :

$$S_2O_3'' + H^. = HSO_3' + S.$$

» Dans cette réaction, il se produit du soufre et de l'anion primaire de l'acide sulfureux. Comme cet anion est assez stable, la transformation se fait surtout du système de gauche au système de droite, et se poursuit jusqu'à que la concentration de l'ion hydrogène soit devenue très faible. Mais, si l'on augmente la concentration de l'anion sulfureux primaire, il faut aussi plus d'ion hydrogène pour que l'équilibre ait lieu, et, par suite, la solution peut contenir une certaine quantité d'acide sans que le soufre soit mis en liberté. De là provient l'effet protecteur qu'exerce sur le thiosulfate une addition d'acide sulfureux ou de sulfite de sodium; la solution peut, tout en restant limpide, être rendue d'autant plus acide qu'elle contient plus de sulfite. »

Du reste, le temps que mettent ces réactions à se manifester a de même frappé W. Ostwald (²) : « Une autre particularité digne d'attention, ajoute-t-il, dans ce phénomène, est qu'il demande un

---

. (¹) Ostwald, *Éléments de Chimie inorganique*, trad. L. Lazard 1904, t. I; p. 352-353.
(²) *Id.*, p. 253.

temps appréciable. Si l'on mélange des solutions diluées (à peu près décinormales) d'hyposulfite de soude et d'acide chlorhydrique, tout d'abord le liquide reste parfaitement limpide, et c'est seulement au bout de 3o secondes qu'il se produit soudainement un trouble dû à la mise en liberté du soufre. Plus le liquide est dilué, plus il faut de temps; la durée nécessaire au changement augmente aussi quand la température s'abaisse. »

Après les recherches que nous avions faites il nous paraissait très intéressant de voir de quelle manière exacte le temps augmentait dans les solutions d'hyposulfite de soude mélangées au sulfite de soude. Nous avons pris successivement un même volume d'une

Fig. 12.

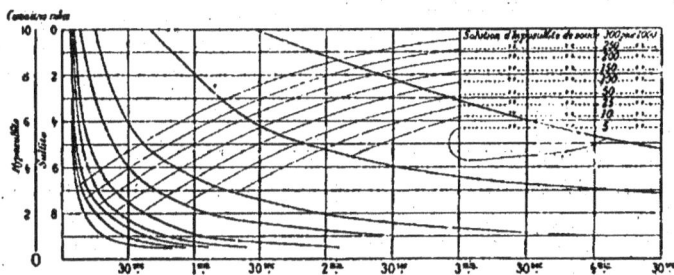

série de dissolutions d'hyposulfite de concentration de plus en plus faible et nous y avons ajouté des quantités croissantes de sulfite de soude allant de $\frac{1}{10}$ à $\frac{9,5}{10}$. En portant en ordonnée la quantité de solution d'hyposulfite de soude par rapport à la quantité de sulfite de soude auquel elle est mélangée et en portant en abscisse les temps, j'ai obtenu les courbes suivantes, dont l'allure rappelle celles que l'on avait avec les dissolutions aqueuses de plus en plus étendues d'un même réactif, et indiquant un retard de plus en plus considérable dans la formation du précipité avec HCl.

On peut donc dire, d'après l'expression même d'Ostwald, que « plus le liquide est dilué, plus il faut de temps »; mais on voit que le retard produit par l'addition de sulfite de soude suit une loi complexe qui n'est point une simple loi de proportionnalité.

Pour les dernières concentrations, les chiffres sont forcément approximatifs, car l'opalescence devient très faible et elle s'accroît

si lentement qu'il peut y avoir facilement des erreurs assez grandes
dans les observations. Mais, néanmoins, cette série d'essais con-
stitue un ensemble d'assez belles expériences, les dernières concentrations demandant beaucoup de temps pour précipiter et ce phénomène y étant encore très distinct.

Selon Ostwald ([1]) : « Pour se rendre compte de ce phénomène,
il ne faut pas se représenter l'acide thiosulfurique comme restant
un certain temps dans la solution sans éprouver de changement,
puis se décomposant brusquement. Nous admettrons plutôt que la
décomposition commence aussitôt que les liquides se sont mélangés;
mais le soufre qui se forme reste d'abord dissous, et c'est seulement quand sa concentration a atteint une certaine valeur, ou
quand il a subi un changement d'état, que se produit une réaction
visible, la formation d'un précipité de soufre. Comme on pouvait
le prévoir, le soufre qui se dépose est d'abord amorphe, mais ses
propriétés ne sont pas celles du soufre amorphe préparé par
brusque refroidissement. »

([1]) W. Ostwald, *Éléments de Chimie inorganique*, trad. L. Lazard, t. I, 1904,
p. 353.

Volume d'hypo-sulfite de soude. cm³	de sulfite de soude.	Concentration de la solution d'hyposulfite de soude, pour 1000.								
		300.	250.	200.	150.	100.	50.	25.	10.	5.
10	0	3ˢ à 3ˢ,5	3ˢ,5	3ˢ,5 à 4ˢ	4ˢ,5	5ˢ,2	8ˢ	15ˢ	40ˢ	1ᵐ25ˢ
9	1	(¹)	(¹)	4ˢ	5ˢ à 5ˢ,3	6ˢ	10ˢ	17ˢ à 17ˢ,5	50ˢ	1ᵐ55ˢ
8	2	»	»	4ˢ,5	6ˢ,2	7ˢ,5	12ˢ,5	20ˢ	1ᵐ3ˢ	2ᵐ25ˢ
7	3	»	3ˢ,5	5ˢ	7ˢ	8ˢ	15ˢ	25ˢ	1ᵐ13 à 1ᵐ15ˢ	2ᵐ55ˢ
6	4	4ˢ à 4ˢ,5	4ˢ,5	5ˢ,5	8ˢ	9ˢ	18ˢ,5	30ˢ	1ᵐ26ˢ	3ᵐ30ˢ
5	5	5ˢ	5ˢ,5	6ˢ,5	9ˢ à 10ˢ	13ˢ	23ˢ à 24ˢ	36ˢ	1ᵐ50ˢ	4ᵐ15ˢ
4	6	5ˢ,5	7ˢ	9ˢ	12ˢ à 13ˢ	17ˢ,5	30ˢ	52ˢ à 53ˢ	2ᵐ30ˢ	5ᵐ30ˢ
3	7	7ˢ,5	9ˢ	11ˢ,5	16ˢ à 17ˢ	22ˢ à 24ˢ	43ˢ	1ᵐ15ˢ à 1ᵐ18ˢ	4ᵐ10ˢ	9ᵐ5ˢ à 9ᵐ10ˢ
2	8	10ˢ	16ˢ	19ˢ	25ˢ	40ˢ	1ᵐ5ˢ à 1ᵐ10ˢ	1ᵐ55ˢ	6ᵐ15ˢ	14ᵐ
1	9	19ˢ	29ˢ à 30ˢ	38ˢ à 40ˢ	45ˢ	60ˢ à 1ᵐ4ˢ	2ᵐ30ˢ	3ᵐ55ˢ	11ᵐ25 à 12ᵐ	40ᵐ
0,5	9,5	45ˢ à 50ˢ	55ˢ à 56ˢ	1ᵐ5ˢ	1ᵐ23ˢ	2ᵐ5ˢ	4ᵐ5ˢ à 4ᵐ20ˢ			

$(t = 20°)$.

(¹) Il y a précipitation avant adjonction de H Cl.

Si l'on ajoute pareillement des quantités croissantes d'une solution à $119^g,50$ pour 1000 de sulfate de soude aux diverses concentrations de la solution d'hyposulfite de soude, et en opérant toujours sur un même volume total, on obtient, pour l'apparition du précipité, des temps différents, mais indiquant la production d'un retard tout à fait analogue.

Volume de la solution de		Concentration de la solution d'hyposulfite de soude, pour 1000.								
S²O²Na⁴ cm³	SO⁴Na² cm³	300.	250.	200.	150.	100.	50.	25.	10.	2.
10	0	2°,5	2°,5 à 3°	3°,2	3°,5	5°	7°,8 à 8°	14°	35°	1ᵐ25°
9	1	2°,5 à 3°	3°	3°,5	4°	5° à 5°,5	8°	15°	36° à 37°	1ᵐ36°
8	2	3°	3°,5	4° à 4°,5	5°	5°,5	9°,10°	16° à 17°	39°	1ᵐ48°
7	3	3°,5	4°	4°,8	5°,5	6°	11°	19° à 20°	47°	2ᵐ5°
6	4	4°	4°	5°	6°	6°,5	11°,5 à 12°	22°,5 à 23°	57°	2ᵐ25°
5	5	4°,5	4°,8 à 5°	5°,5	6°,5	8°	14°	26°	1ᵐ8°	2ᵐ45°
4	6	5°	5°,5 à 6°	6°,5	7°,5	9°,5	16°,8 à 17°	35°	1ᵐ24°	3ᵐ40°
3	7	5°,8	6° à 6°,5	7°	9°	11°,5	21°,5	45°	1ᵐ55°	4ᵐ25° à 4ᵐ30°
2	8	7°,5	7°,8 à 8°	9°,5 à 10°	12°	17°,8 à 18°	32°,5 à 33°	1ᵐ13°	3ᵐ10°	8ᵐ45°
1	9	14°,5	15°	18°	20°	32°	1ᵐ5°	2ᵐ20°	6ᵐ30° à 6ᵐ45°	16ᵐ45° à 17ᵐ
0,5	9,5	19° à 20°	24°	32°	39° à 40°	54°	1ᵐ40°	4ᵐ40° à 4ᵐ50°	13ᵐ5° à 13ᵐ30°	

$(t = 20°)$.

II. Action des corps dissous.

On sait que divers corps peuvent se dissoudre, même en quantité assez considérable, dans l'hyposulfite de soude; il y avait donc lieu de voir si ces corps avaient une action et quelle elle pouvait être sur le temps qui s'écoule avant l'apparition de la précipitation dans ces solutions.

Nous avons essayé la série des chlorures, bromures et iodures solubles d'un certain nombre de métaux. On constate que :

1° D'une façon générale l'adjonction de ces sels retarde l'apparition de l'opalescence;

Poids d'iodure de strontium pour 10cm³ de la solution.	Concentration de la solution d'hyposulfite de strontiane, pour 1000.				
	100.	50.	25.	10.	5.
0....	4' à 4',2	7',8 à 8'	14' à 15'	35'	1ᵐ8'
1....	4',5	8',5	16'	40' à 41'	1ᵐ20'
2....	4',8 à 5'	9' à 9',5	17' à 17',5	46' à 47'	1ᵐ38'
3....	5',5	10' à 10',2	20'	52'	1ᵐ50'
4....	7' à 7',2	11',5	22'	1ᵐ2' à 1ᵐ3'	2ᵐ5'
5....	8'	12',2	26' à 27'	1ᵐ9' à 1ᵐ10'	2ᵐ20' à 2ᵐ25'
6....		14'	31' à 32'	1ᵐ20'	2ᵐ50' à 2ᵐ55'
7....			35',5	1ᵐ29'	3ᵐ20'
8....				1ᵐ55'	4ᵐ30' à 4ᵐ40'

Poids d'iodure de K et Hg dans 10cm³ de la solution.	Solution d'hyposulfite de potasse à 100 pour 1000.	Concentration de la solution d'hyposulfite de potasse, pour 1000.	Poids d'iodure de K et de Hg dans 10cm³ de la solution.
0	6',2 à 6',5		
0,100	6',5 à 7'	200	8',2
0,150	7',5	150	11',5 à 12'
0,200	7',8 à 8'	100	24'
0,250	10',5 à 11'	50	1ᵐ50' à 2ᵐ
0,500	13',5		
1	24'		

2° Pour certains métaux l'action retardatrice du chlorure paraît moindre que celle du bromure et celle du bromure moindre que celle de l'iodure du même métal; mais cela n'est pas constant et ne s'applique pas à tous les corps considérés; d'autres facteurs semblent entrer en jeu et rendre plus complexe le phénomène. En outre quelques-uns de ces sels deviennent déliquescents, ou bien leur dissolution détermine soit une diminution, soit une élévation de température assez considérable, et le fait de ramener ensuite ces solutions à une température constante n'est peut-être pas sans agir sur elles différemment et, par conséquent, sans introduire toutes sortes de causes d'erreur dans les observations.

Poids de bromure pour 10^{cm3} de la solution de S^{2}O^{3}Na^2, à 50 p. 1000.	Bromure					
	de lithium.	d'ammonium.	de sodium.	de potassium.	de calcium.	de strontium.
1	11',5	10' à 10',2	11',5	11',2 à 11',5	10',2	10'
2	13' à 13',5	11' à 11',5	12'	12',8 à 13'	11',8	12'
3	16',5 à 18'	12',5 à 13'	13',5 à 14'	15',5	13',2	12'
4		14',8	17',5	17'	15'	13',2
5		17'	19',5	20'	17'	14'
6		20' à 20',5			19' à 20'	15'

Poids de l'iodure pour 10^{cm3} de la solution de S^{2}O^{3}Na^2 à 50 p. 1000.	Iodure				
	de lithium.	d'ammonium.	de sodium.	de potassium.	de calcium.
1	11' à 11',5	11',5	11',5 à 12'	12' à 12',5	10',5
2	13'	13'	12',5	13'	12'
3	16'	15' à 15',5	16'	15',5 à 16'	13',8
4	18',5 à 19'	18'	18' à 18',5	19',5	14'
5	20'	22'	23' à 24'	22'	17',5 à 18'
6	24'			24'	
7	32' à 33'				

($t = 16°$ environ).

3° Pour une sorte de sels donnée, et pour chacune d'elles

l'action retardatrice paraît d'autant plus grande que le métal occupe un rang plus élevé dans la famille où l'on a l'habitude de le ranger, d'après son poids et l'ensemble de ses propriétés, excepté cependant pour certains corps comme, par exemple, le lithium. Mais ainsi paraissent agir les chlorures de Mn, Ni, Co, dont les temps sont très voisins.

On sait que, lorsqu'on ajoute du thiosulfate de sodium à des solutions de sels de cobalt, de nickel, ce sont les sulfures de ces métaux qui se précipitent immédiatement. Mais, si l'on dissout des quantités très petites de chlorure de ces deux derniers métaux dans une solution d'hyposulfite de soude à $\frac{50}{1000}$ et qu'avant que la liqueur noircisse on précipite par HCl, l'apparition paraît retardée en allant du manganèse au nickel et au cobalt ; toutefois, les temps étant très voisins pour ces trois métaux, de poids atomiques très rapprochés, cette différence n'est pas suffisamment appréciable pour être mesurée d'une façon précise, surtout pour les deux derniers corps. Du reste, la coloration que leurs sels donnent à la liqueur gêne les observations.

La même chose se produit pour les chlorures de Mg, Zn, Cd. Ici, toutefois, la progression est interrompue et se complique d'une modification du phénomène : le temps augmente encore du magnésium au zinc, mais à partir du cadmium le chlorure détermine, comme on le sait, de lui-même, la précipitation, et le chlorure de mercure beaucoup plus vite que celui de cadmium. Celui de cadmium a même le temps de se dissoudre entièrement, et l'apparition du précipité ne se fait qu'après plusieurs minutes. Le bichlorure de mercure en solution à 5 pour 100 précipite une solution d'hyposulfite de soude à $2^g,5$ pour 1000 vers 3^s.

Poids de chlorure pour 10^{cm^3} de solution de $S^2O^3Na^2$ à 50 pour 1000.	Chlorure	
	de magnésium.	de zinc liquide à 65° (en cm³).
$\overset{g}{1}$	$10^s,5$ à $10^s,8$	20^s à 22^s
2	$11^s,5$	39^s
3	12^s	50^s
4		1^m10^s à 1^m15^s
5		1^m45^s
6		2^m15^s

Il en est de même avec les bromures et iodures de ces mêmes métaux, excepté cependant pour l'iodure de zinc, mais nos observations ne sont pas comparables, par suite de l'état différent sous lequel ces deux corps ont été employés, et aussi avec les iodures doubles de Cd et K, de Hg et K.

Ces sels doubles retardent la précipitation selon une loi semblable, mais d'une quantité qui paraît être en rapport avec l'action que nous avons vue exercée séparément par chacun de ces deux corps et proportionnelle à la quantité pour laquelle ils entrent dans la composition du sel double.

Quantité de bromure pour 10cm³ de la solution de S²O³Na² à 50 p. 1000.	Bromure		
	de magnésium.	de zinc.	de cadmium.
1	11',5		27'
2	11',8		39' à 40'
3	13',5	39'	55' à 58'
4	15' à 16'	42' à 43'	1m20' à 1m30'
5	16',8	55' à 60'	1m45' à 2m

Quantité d'iodure pour 10cm³ de la solution de S²O³Na² à 50 p. 1000.	Iodure					
	de magnésium.	de zinc.	de cadmium.	de mercure (ique).	de cadmium et potassium.	de mercure et potassium.
0,100				13',5		
0,200				18',5		
0,500			13',5 à 14'		12'	16' à 17'
1	11',5	14',5	20'		17' à 16',5	29'
2	1'	20'	29'			1m10' à 1m20'
3	13',8 à 14'	25'	1m10'			
4	16',5	30' à 31'	1m39'			
5	18',5		2m35'			
6	22'					
7	25',5					

III. Si, avec un de ces corps qui se dissolvent dans une solution d'hyposulfite de soude et ne la précipitent que longtemps après, on ajoute un réactif au bout de temps de plus en plus grands, la précipitation semble apparaître avec un certain retard, mais qui ne paraît pas constant quel que soit le temps au bout duquel on l'a versé dans la solution.

Avec le chlorure de cadmium et l'acide chlorhydrique pur à 22°B., nous avons obtenu les chiffres suivants, qui présentent une certaine différence en moins, et de plus en plus forte, à mesure que le temps compté avant le versement augmente et se rapproche de celui où la précipitation apparaît d'elle-même, amenée par le chlorure de cadmium.

Poids de chlorure de cadmium pour 10^{cm³} de la solution de S²O³Na² à 50 p. 1000.	Temps au bout duquel apparaît la précipitation					
	avec le chlorure seul.	en versant H Cl pur à 22°, après				
		2ᵐ.	3ᵐ.	4ᵐ.	5ᵐ.	10ᵐ.
0ᵍ,5	15ᵐ à 16ᵐ	2ᵐ20' à 2ᵐ23'	3ᵐ21'	4ᵐ20'	5ᵐ20'	10ᵐ18',5

D'après cela, il semblerait, par conséquent, que l'action commence immédiatement, puisque, si l'on ajoute un réactif déterminant plus rapidement la précipitation, le temps au bout duquel elle apparaît diminue à mesure qu'augmente celui pendant lequel le chlorure a pu agir.

IV. Action des corps solubles dans la solution du sel et du réactif.

Si l'on choisit certains corps qui se dissolvent indifféremment dans la solution et dans le réactif, on peut se rendre compte si l'action qu'ils exercent est différente selon qu'ils sont primitivement dissous dans l'un ou dans l'autre, car, dans ce cas, ils ne sont pas sans subir le plus souvent des modifications fort différentes.

Au lieu d'ajouter, comme précédemment, un corps étranger à la solution d'hyposulfite, avec certains sulfates qui se dissolvent, par exemple, dans l'acide sulfurique, inversement il est possible de voir comment se fait la précipitation quand le réactif contient lui-même un autre corps en solution et de comparer ces résultats avec ceux obtenus dans le cas où le même corps est uni à la dissolution.

En faisant réagir une solution d'acide sulfurique normale et une autre solution normale contenant $\frac{25}{1000}$ de sulfate de soude sur des dissolutions d'hyposulfite de soude de concentrations variées, on ne distingue pas de modification bien sensible dans le temps que met le précipité à apparaître, comme le montrent les chiffres ci-dessous :

Concentration de la solution de $S^2O^3Na^2$.	Solution d'acide sulfurique normale	
	pure.	contenant 25 p. 1000. de SO^4Na^2.
250	3',5	3',5
200	4',2 à 4',5	4' à 4',5
150	5',2	5',2
100	7'	7',5
50	12'	12',2
25	23'	22',5 à 23'
10	58'	54' à 55'
5	1^{m}50' à 1^{m}55'	1^{m}50'

Il est difficile d'interpréter la légère différence que l'on constate dant un sens ou dans un autre. Mais si, inversement, on fait réagir une solution normale d'acide sulfurique sur une solution d'hyposulfite de soude à $\frac{50}{1000}$ contenant 20 pour 100 de sulfate de soude, il y a un retard considérable; et si au lieu d'opérer avec une solution normale d'acide sulfurique, on se sert d'une solution contenant 25 pour 100 de sulfate de soude, le retard dans l'apparition du précipité est voisin du précédent, mais est toutefois moindre.

	Acide sulfurique normal	
Concentration de la solution de $S^2O^3Na^2$.	pur et hyposulfite de soude contenant 20 p. 100 de SO^4Na^2	avec 25 p. 100 de sulfate de soude et hyposulfite de soude contenant 20 p. 100 de SO^4Na^2.
$\frac{50}{1000}$	1^{m}15'	1^{m}8'

Enfin, dans le premier cas, l'opalescence est très lente à s'accroître, tandis que, dans le second cas, le précipité augmente très vite et prend une teinte beaucoup plus jaune.

De même, avec 1^g de sulfate dissous dans 20$^{cm^3}$ de solution normale d'acide sulfurique et toujours la même concentration d'hyposulfite, on voit apparaître la précipitation vers 1.4', pour celui de lithine, et vers 15°,5 pour celui de soude. Avec une solution concentrée à 15°, le précipité se produit avec le sulfate de strontium vers 16° et vers 18° avec celui de bismuth.

V. Avec l'arséniate et l'arsénite de soude et pour des quantités très petites, 0ᵍ,5 dans 10ᶜᵐ³ de la solution d'hyposulfite de soude à 50 pour 1000, le temps que met la précipitation à apparaître est considérablement augmenté, 18ᵐ à 20ᵐ pour l'arsénite et 40ˢ à 50ˢ pour l'arséniate vers 19°; mais, à mesure que l'on accroît la proportion de ces sels, le temps diminue rapidement, et la précipitation, par exemple avec 1ᵍ d'arséniate, arrive à se produire plus tôt que dans la liqueur simple; toutefois l'opalescence qui apparaît alors presque insensiblement est très faible et augmente très lentement. Le précipité, au lieu d'être abondant et de passer au jaune rouge comme avec l'arsénite, diminue et reste blanchâtre.

Avec le formiate de soude également, le phénomène ne présente plus exactement le même mode d'apparition; pour 2ᵍ la précipitation devient aussi plus rapide et, comme elle augmente très lentement, on ne peut dire si elle devient presque instantanée.

VII. — VARIATION DU TEMPS QUE LA PRÉCIPITATION MET A APPARAÎTRE DANS LES MÉLANGES D'HYPOSULFITE.

Étant donnés les relations qu'il nous a semblé y avoir entre les poids atomiques des métaux de certains hyposulfites solubles et le temps que met la précipitation à apparaître au sein de leurs dissolutions avec un même réactif, il y avait lieu de voir aussi quelles variations les mélanges de leurs dissolutions peuvent faire subir au temps qu'il faut compter pour y voir se former un trouble. Comme ces variations portent sur des différences de temps très petites, même pour deux hyposulfites choisis de telle façon que le temps d'apparition de leur précipité soit le plus différent, la modification, produite par leur mélange, est à peu près insignifiante ainsi qu'il fallait s'y attendre, et il est difficile d'établir si cette variation, qui rentre dans les erreurs d'expérience, semble proportionnelle aux volumes des deux solutions mélangées et en dépend.

Hyposulfite à 50 p. 1000		Acide chlorhydrique pur à 22° B.
d'ammoniaque.	de strontiane.	
cm³	cm³	
10	1	8°,5 à 9°
10	2	8°,6
10	3	9°
10	4	8°,5
10	5	8°,5 à 9°
10	6	
10	7	8°,5 à 8°,8
10	8	
10	9	
10	10	9° à 10°
10	15	9°,5
10	20	10°

D'autre part, si l'on prend un hyposulfite métallique, celui de plomb par exemple, qui est soluble dans celui d'ammoniaque, comme on est forcé d'opérer sur une concentration élevée de ce dernier pour que s'effectue la dissolution et que l'apparition se fait par suite au bout de temps très courts, il est difficile de déterminer quelle action peut avoir celui-ci, d'autant plus que, comme il se forme un hyposulfite double, la concentration se trouve en somme elle-même augmentée.

VIII. — INFLUENCE DES DISSOLVANTS ET DE LA DILUTION PRODUITE PAR LEUR MÉLANGE.

On ne peut, par suite du peu de solubilité de l'hyposulfite de soude dans la glycérine, faire d'aussi nombreuses expériences qu'avec les solutions aqueuses et, à cause de l'état sirupeux de la liqueur, il n'est pas possible de mélanger aussi facilement les réactifs pour étudier comment varie l'apparition de la précipitation. Néanmoins, en opérant avec HCl à 22°B. sur 10^{cm^3} d'une dissolution de 1^g pour 100^{cm^3} de glycérine à 30°B., nous avons vu apparaître la précipitation vers $5^m 10^s$. Ce qui indique un retard assez sensible.

D'autre part, si, à un volume donné d'une solution aqueuse d'hyposulfite de soude à $\frac{50}{1000}$, on ajoute des volumes croissants de glycérine à 30°B., il se produit un retard dans l'apparition du précipité, à mesure qu'augmente la dilution, mais différent de celui qui se produit quand on ajoute les mêmes quantités d'eau. Avec l'alcool absolu, qui ne précipite plus les dissolutions d'hyposulfite à cette concentration, le retard est encore plus grand pour les volumes correspondants :

Volume ajouté à 10cm³ de la solution d'hyposulfite de soude à $\frac{50}{1000}$.	Eau.	Glycérine à 30°B.	Alcool absolu.
0	$8^s,5$		
1	11^s	$10^s,5$	10^s
5	$13^s,5$	13^s à $13^s,4$	27^s
10	18^s	19^s	$1^m 11^s$
15	21^s	25^s	$3^m 13^s$
20	25^s	35^s	
25	29^s	43^s	
30	31^s	55^s à 58^s	
35	39^s		
40	42^s		
45	46^s		
50	49^s		

Pour l'eau, le retard est représenté par une ligne presque droite, ainsi que l'on peut s'en rendre compte d'après les chiffres précédents.

On peut encore varier ces expériences en opérant sur la série des diverses concentrations de la solution d'hyposulfite et l'on

obtient les chiffres suivants qui indiquent une modification semblable :

Concen-tration de la solution de $S^2O^3Na^2$.		Volume ajouté à 10^{cm^3} de la solution de $S^2O^3Na^2$			
		d'eau.		de glycérine à 28°B.	
		5^{cm^3}.	10^{cm^3}.	5^{cm^3}.	10^{cm^3}.
250.....	$3^s,2$	4^s faible	5^s	$4^s,5$	$6^s,5$
200.....	$3^s,8$	5^s	$6^s,5$	$5^s,2$	7^s à $7^s,5$
150.....	$4^s,3$	$6^s,2$	8^s	$6^s,5$	10^s
100.....	$6^s,2$	$7^s,5$	10^s	$8^s,5$	$11^s,5$
50.....	$10^s,8$	15^s à 16^s	18^s à 19^s	16^s	21^s
25.....	22^s	28^s	37^s à 38^s	$30^s,5$	41^s à 42^s
10.....	$1^m 5^s$	$1^m 15^s$	$1^m 35^s$ à 40^s	$1^m 15^s$	$1^m 55^s$ à 2^m
5.....	$2^m 55^s$	$3^m 50^s$ à 4^m		$4^m 30^s$	

($t = 13°$ environ).

IX. — AGE DE LA SOLUTION.

On sait qu'il est impossible de conserver limpides les solutions
d'hyposulfite au contact de l'air; on voit généralement apparaître,
au bout d'un certain temps et d'abord dans les solutions les plus
concentrées, un trouble bleuâtre suivi bientôt des traces d'un
dépôt de soufre mis en liberté.

Ce fait est dû sans doute à l'instabilité de l'acide hyposulfureux.
En effet : « Cette réaction, comme le dit Ostwald (¹), est assez
sensible comme révélatrice de l'ion hydrogène; il suffit, pour la
produire, des quantités très minimes de cet ion, comme celles que
contiennent les acides faibles. C'est pour cela que des solutions
parfaitement limpides de thiosulfate de soude se troublent non
seulement par addition de quelques gouttes d'un acide quelconque,

---

(¹) OSTWALD, *Éléments de Chimie inorganique*, trad. E. Lazard, t. I, p. 352.

mais même sous l'action de l'acide carbonique dont l'air contient
une certaine quantité et qui est un acide faible. »

Cependant nous n'avons trouvé quelquefois que des écarts très
minimes pour des altérations assez notables que paraissaient avoir
subi les solutions, si l'on en juge d'après le dépôt de soufre au
fond du vase ou les moisissures qui s'y étaient développées; il est
vrai que, par rapport au volume qu'elles affectaient et au volume
sur lequel nous opérions, elles devenaient presque négligeables.
Mais, pour les vieilles solutions préparées depuis longtemps et qui
ont eu le temps de s'altérer chimiquement sans qu'on les ait laissé
envahir par des moisissures, la précipitation, d'une façon générale, nous a paru s'y produire plutôt moins rapidement, sans qu'il
soit possible d'apprécier exactement cet écart par rapport à l'âge
de la solution. Ce retard dans une solution à 50 pour 1000 d'hyposulfite de soude, par exemple, peut varier de 1^s à 3^s; tandis
qu'avec une solution neuve la précipitation apparaît à 15^n et, avec
HCl à 22°B., vers $7^s,5$ ou 8^s, elle n'apparaît plus, au bout d'un
certain temps, qu'entre $9^s,5$ et même $10^s,5$.

Du reste, il y aurait lieu d'envisager cette question différemment,
car cette variation de temps peut s'expliquer par la seule présence
de sulfite, et l'important serait bien plutôt de voir si, pour une
solution récemment préparée et ramenée à une température
donnée, le temps que met le précipité à apparaître est le même
que pour une solution préparée depuis des temps de plus en plus
longs; en un mot, si, dans les mêmes conditions, une solution ré-
cente ou, même plus exactement, naissante se comporte comme
une autre, et si ses propriétés, au point de vue où nous nous
sommes placé, ne sont pas modifiées dans un sens ou dans
l'autre.

X. — VARIATION DU TEMPS QUE CES PRÉCIPITÉS METTENT A APPARAITRE AVEC LA TEMPÉRATURE.

On a déjà signalé l'influence de la température sur le temps que ces précipités mettent à apparaître. « Si l'on verse de l'acide chlorhydrique dans une dissolution très froide d'hyposulfite de soude, la liqueur ne se trouble pas dans les premiers instants », écrit V. Regnault (¹). « Les solutions d'hyposulfites, remarque Frémy (²), traitées par un acide donnent, au bout d'un certain temps, variable selon la température, un dépôt de soufre avec dégagement d'acide sulfureux. » De même nous avons vu, à propos

Fig. 13.

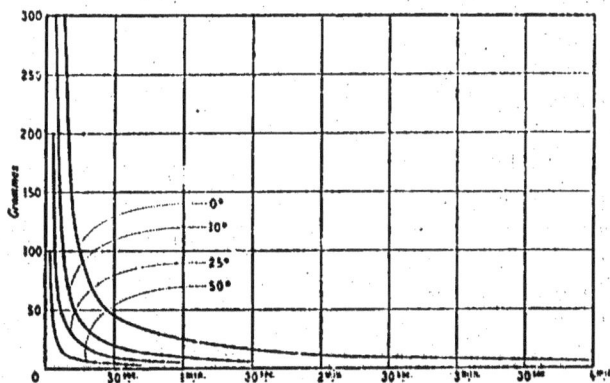

de l'action des sulfites sur la décomposition des hyposulfites, qu'Ostwald dit que : « la durée nécessaire au changement augmente aussi quand la température s'abaisse (³) ».

(¹) V. REGNAULT, *Traité élémentaire de Chimie*, t. I, p. 211.
(²) FRÉMY, *Encyclopédie chimique*, t. II, sect. II, fasc. I, p. 139-140.
(³) W. OSTWALD, *Éléments de Chimie inorganique*, trad. L. Lazard, 1904, t. I, p. 353.

Si l'on porte en abscisses les temps et en ordonnées les concentrations, le temps d'apparition du précipité se produit pour des températures décroissantes selon des courbes qui se superposent dans l'ordre des températures, la plus basse correspondant à la température la plus élevée. Et, si l'on examine les nombres observés, on voit qu'ils ne sont point en désaccord avec les valeurs connues qui expriment l'influence de la température sur la vitesse de réaction proprement dite, en considérant la relation entre le temps et la quantité transformée.

Concentration de la solution de $S^2O^3Na^2$.	Température.			
	0°.	10°.	25°.	50°.
250	9' à 9',1	4'		
200	9',5 à 10'	4',5 à 5'	3'	
150	11',8	5',8 à 6'	3',2	
100	15'	7',5 à 8'	4'	2'
50	26',5	12',5	6',5	3'
25	58'	22',5	13',5	5'
10	2ᵐ5'	50' à 55'	27'	10',2
5	4ᵐ35'	1ᵐ25' à 30'	1ᵐ à 1ᵐ5'	22'
2,5				40' à 42'

En effet, ainsi que l'écrit J.-H. Van't Hoff, d'une façon générale, « pour un même accroissement de la température, on trouve que le quotient des vitesses a une valeur constante ([1]) » et il est également à remarquer que « la vitesse est doublée ou même triplée pour une même élévation de température de 10° ([2]) ». Or, dans le cas présent, on peut retrouver ou peu s'en faut les mêmes relations. Ce fait tendrait à montrer que les phénomènes que nous observons rentrent dans un cas spécial de l'étude de la vitesse de réaction, celui où cette vitesse est tellement petite au début qu'elle ne deviendrait effective ou sensible pour nous qu'après un temps appréciable qui serait précisément celui où nous observons la précipitation dans les solutions de ces sels.

Cependant l'ordre dans lequel les courbes se superposent n'est pas en rapport simple avec la température, et, si nous portons

([1]) J.-H. VAN'T HOFF, Leçons de Chimie physique, trad. Corvisy, 1898. 1ʳᵉ partie, p. 228.
([2]) Id., p. 229.

maintenant les températures en ordonnée et les temps en abscisse, nous voyons que, pour une concentration donnée de la dissolution, l'apparition du précipité se fait selon une courbe telle que la suivante. Cette dernière semble présenter un point d'inflexion

Fig. 14.

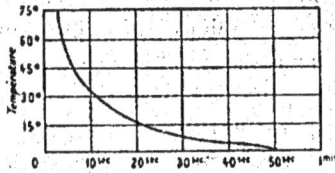

Solution de $S^2O^3Na^2$ décinormale.

vers 4° qui correspondrait à la température où les propriétés de l'eau sont elles-mêmes modifiées.

Températures.	Temps observé avant l'apparition de l'opalescence.
75°	2',2
70	3',2
65	3',5
60	4'
55	4',5 à 5'
50	5'
45	6'
40	7'
35	9',5 à 10'
30	11'
25	13',5
20	16' à 17'
15	21' à 22'
10	28'
4	43' à 44'
0	52'

En outre, on a vu que dans certaines conditions ces phénomènes peuvent être ramenés à un cas particulier de ce que l'on considère habituellement comme la vitesse de réaction et, d'autre part, si l'on rapproche les courbes obtenues en fonction du temps et de la concentration avec les phénomènes de décoloration et de précipitation ou de précipitation et de changement de coloration, des courbes représentatives en fonction de la température et du composé des limites des régions de décomposition modérée et de décomposition explosive, dans l'étude des combinaisons explosives, on voit qu'elles ne sont pas sans présenter une certaine analogie [1]. Du reste, dans plus d'une des réactions précédentes l'apparition de l'opalescence n'est pas elle-même sans se faire d'une façon tout à fait comparable et la précipitation semble se produire très nettement d'une façon soudaine et comme explosive. Ce qui montre qu'il y a donc lieu d'envisager, dans l'étude des réactions chimiques, non seulement la température, mais encore, pour une température déterminée ou une variation donnée de cette dernière, une certaine valeur propre de temps nécessaire à l'action chimique, dépendante des corps et des conditions dans lesquelles ils entrent en réaction.

Justement, à propos de l'influence des basses températures sur la vitesse de réaction, et comme les relations des vitesses de réaction et de température conduisent, ainsi que le dit Van't Hoff « à cette singulière conséquence, qu'une réaction qui se produit à une température déterminée quelconque se produit aussi à toute autre température [2] », ce dernier rappelle que diverses observations ont montré « toutefois qu'il n'y a qu'un ralentissement de l'action » et que « dans les réactions qui dégagent de la chaleur, il se peut que cette chaleur accélère la vitesse et donne un caractère explosif à la réaction qui, jusque-là, se faisait lentement [3]. »

La température étant, comme on vient de le voir, un des facteurs les plus importants, il serait possible, en rapportant à trois axes la concentration, la température et le temps, d'obtenir une surface sur laquelle se trouveraient toutes les variations de l'apparition du précipité en fonction de ces trois conditions.

---

[1] *Cf.* P. DUHEM, *Thermodynamique et Chimie*, 1902, p. 475 et suivantes.
[2] J.-H. VAN'T HOFF, *Leçons de Chimie physique*, trad. Corvisy, t. I, p. 327.
[3] *Id.* p. 328.

XI. — SUR LES RELATIONS QUI PEUVENT EXISTER ENTRE LE TEMPS QUE METTENT CERTAINS PRÉCIPITÉS A APPARAITRE ET LES PHÉNOMÈNES THERMIQUES QUI LES ACCOMPAGNENT.

L'étude de l'apparition de certains précipités et plus particulièrement de ceux auxquels donnent naissance les solutions d'hyposulfite de soude avec un certain nombre de réactifs, nous ayant montré, d'une façon générale, que le temps que ces précipités mettent à apparaître pour des concentrations de plus en plus faibles, semble varier d'après une loi représentée par une courbe ayant l'allure d'une logarithmique descendante, nous avons été amenés à chercher quelles relations pouvaient exister entre l'apparition du précipité et le phénomène thermique concomitant.

D'autant plus que, dans son Mémoire sur la formation des précipités, M. Berthelot (¹) avait déjà rapproché la précipitation ou d'autres actions comme le dégagement de gaz des phénomènes thermiques sans toutefois en montrer exactement les relations au point de vue du temps.

Ces observations demandant à être faites dans des temps très courts, nous avons dû substituer à l'observation directe de la grandeur absolue du phénomène thermique l'enregistrement des valeurs relatives fournies par un tambour à levier qui était relié à une ampoule de verre immergée au sein du liquide où se produisait la réaction et utilisée comme thermomètre à air. Comme on est forcé de laisser au récipient toute sa transparence, le vase où l'on effectuait la réaction était garanti par un second récipient concentrique, et chaque vase était posé sur un lit de sciure ou isolé sur des cales de liège comme dans un calorimètre. On a pu aussi

---

(¹) *Annales de Chimie et de Physique*, 5ᵉ série, t. IV, 1875, p. 163.

se servir avantageusement d'un tube d'Arsonval ou bien utiliser encore un réfrigérant de Soxhlet. Ce dernier a l'avantage de pouvoir être suspendu dans un milieu à température constante, et, selon qu'on se sert, comme ampoule, de l'appareil à circulation d'eau intérieure ou extérieure dont on a fermé une tubulure à la lampe, on introduit la solution et le réactif dans la première ou la seconde. Ce dispositif, avec le modèle à double circulation d'eau intérieure et extérieure, présente en outre une surface en contact plus grande avec le liquide et permet de contrôler ainsi l'un par l'autre chacun des tambours que l'on peut placer sur leurs tubulures. Un signal électrique que l'on faisait déclencher au moment où l'on observait l'opalescence inscrivait en même temps sur le graphique l'apparition de la précipitation. Le tambour faisait un tour en 208 secondes et sa circonférence était presque de 40^{cm}, ce qui fait qu'il tournait d'un peu moins de 2^{mm} par seconde.

Nous avons toujours opéré sur 50^{cm3} de la solution d'hyposulfite et sur 5^{cm3} de réactif dans les expériences qui ont servi à établir les graphiques suivants.

Ces observations nous ont montré tout ce que, dans ce cas, le phénomène de la précipitation présente de complexe et de mal défini.

Il ne paraît tout d'abord pas possible de distinguer une relation immédiate entre le phénomène thermique et le temps d'apparition du précipité; le tracé ne présente pas aux environs mêmes du moment où s'effectue la précipitation de trémulation qui puisse concorder avec l'apparition de ce phénomène. On remarque seulement que, pour les acides chlorhydrique à 22^oB., bromhydrique à 40^oB. et iodhydrique à 36^oB., le dégagement de chaleur diminue, comme on le sait, à mesure qu'augmente la concentration de l'hyposulfite de soude et que, pour les deux derniers, ce dégagement se transforme en une absorption, il y a inversion en passant, toutefois par une phase intermédiaire où l'on distingue un faible dégagement de chaleur suivi immédiatement d'une absorption beaucoup plus grande. Peut-être, dans le dégagement de chaleur assez grand obtenu avec les concentrations plus faibles, l'absorption, qui se trouve être très petite par suite de la quantité minime du précipité formé, est-elle masquée par la première action, si toutefois il y a absorption et si cette absorption, quoique fort antérieure, est bien due à la formation du précipité. Ce changement d'allure semble du reste avoir lieu avec les concentrations pour lesquelles la courbe des temps d'apparition du précipité modifie davantage sa courbure, ainsi que le montrent les graphiques suivants (¹).

Fig. 15.

Hyposulfite d'ammoniaque et acide bromhydrique à 40° B.

$(t = 25°)$.

Fig. 16.

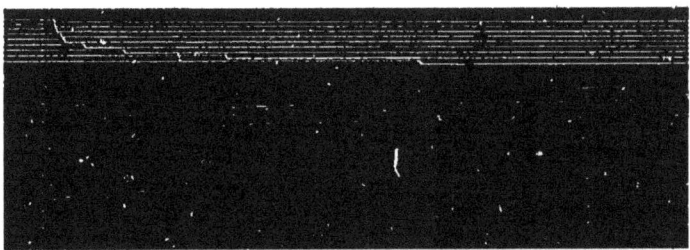

Hyposulfite de soude et acide bromhydrique à 40° B.

$(t = 18°,5)$.

(¹) Nous ne donnons pas celui de l'acide chlorhydrique parce qu'il ne présente que des courbes indiquant le grand dégagement de chaleur et augmentant d'amplitude avec la dilution.

Sans doute, si l'on examine les diagrammes obtenus avec les diverses solutions de même concentration d'hyposulfite de soude et les trois acides précédents, on retrouve une relation analogue à celle que nous avons signalée entre la longueur du temps que le

Fig. 17.

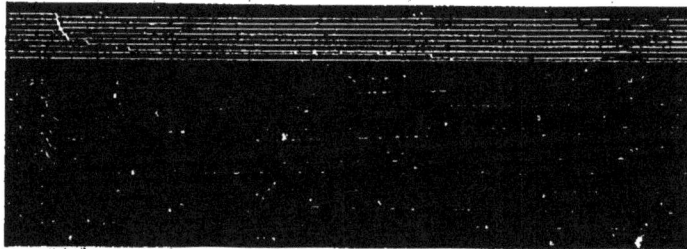

Hyposulfite de soude et acide iodhydrique à 30°B.
$(t = 18°,5)$,

précipité met à apparaître et l'ordre dans lequel on a l'habitude de classer ces corps selon leur poids atomique et leurs propriétés générales. La phase intermédiaire que nous signalions plus haut se présente successivement avec HBr et HI pour des concentrations de plus en plus faibles, et le dégagement de chaleur pour les concentrations étendues devient également de plus en plus faible. Nous voyons de même cette phase se déplacer progressivement et avoir lieu avec des concentrations plus fortes à mesure que la concentration du réactif lui-même augmente et que, comme nous l'avons montré, le temps que met à se faire l'apparition du précipité diminue (ainsi que cela arrive, par exemple, pour l'acide perchlorique à 55°B., 40°B. et 30°B., l'acide hydrofluosilicique à 12°B. et à 30°B.). Mais, dans tous les cas, et sans doute par suite des actions complexes qui entrent en jeu, il ne nous a pas semblé y avoir de relation directe entre le temps d'apparition du précipité et le phénomène thermique enregistré, soit qu'il n'existe pas de relation immédiate, soit que la sensibilité des moyens employés ne nous permette pas de la mettre en évidence. Toutefois les tracés obtenus avec l'acide chlorique à 20°B., montrent un élargissement de plus en plus grand de l'onde produite par l'abaissement de la température, qui devient elle-même moindre pour les solutions de plus en plus étendues et dans lesquelles, par conséquent, le précipité apparaît de plus en plus lentement.

Fig. 18.

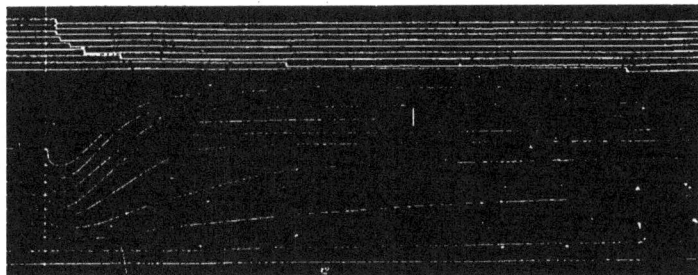

Acide chlorique à 20° B.
($t = 21°,5$).

On peut faire de même une observation analogue sur ceux que l'on obtient avec l'acide hydrofluosilicique à 12° B. et 30° B.

Fig. 19.

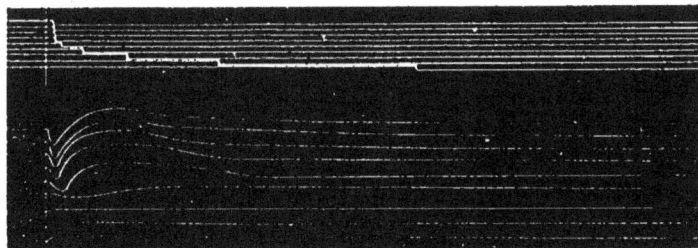

Acide hydrofluosilicique à 30° B.
($t = 30°,5$).

Il y aurait donc lieu, comme on le voit, de tenir compte, non seulement de l'intensité du phénomène thermique, comme on l'a fait jusqu'à présent, mais encore de son amplitude et de sa variation dans le temps.

En outre, pour les concentrations les plus fortes on remarque, avec l'acide perchlorique à 55° B. par exemple, une espèce d'ondu-

lation de la courbe analogue à celle que nous avons fait remarquer
plus haut pour les concentrations voisines de celles où l'absorption

Fig. 20.

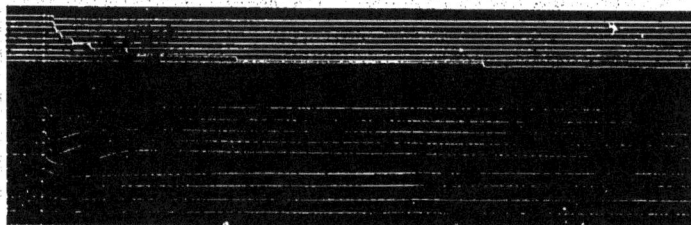

Acide hydrofluosilicique à 12°B.
$(t = 20°,5)$.

se transforme en dégagement, et qui se manifeste précisément pendant le temps qu'il faut compter pour voir apparaître le précipité,
si l'on tient compte de l'avance que prend le levier de l'appareil
enregistreur par rapport au stylet du signal qui inscrit l'apparition. Puis, à mesure que diminue la concentration, la courbe
augmente d'amplitude et cette sorte d'ondulation disparaît.

Comme la température agit et d'une façon notable sur le temps
que met le précipité à apparaître, il est possible de retrouver
une relation entre l'amplitude ou le sens des phénomènes thermiques et le temps plus ou moins long que la précipitation met à
apparaître, que ces phénomènes thermiques soient dus à la précipitation elle même ou à des actions secondaires. Mais, étant donné
que ces phénomènes ne semblent avoir de relation qu'en intensité
ou en sens et non en durée, il semble que le temps propre à chacun
de ces réactifs pour déterminer la précipitation dans les solutions
considérées, tout en montrant naturellement certaines coïnci-
dences avec les phénomènes thermiques, dépend surtout des caractères des corps en présence en même temps que des conditions
dans lesquelles ils réagissent, et se rattache d'une façon générale
à l'ensemble de leurs propriétés.

XII. — APPLICATION.

———

Outre les avantages que l'on peut retirer de ces observations au point de vue de l'étude de l'action chimique et de la connaissance des propriétés générales des corps, on voit que les résultats précédemment obtenus pourraient servir de base à une méthode rapide d'analyse quantitative de divers sels dissous.

En se servant seulement pour ces corps de Tables analogues à celles où nous avons consigné nos résultats, et construites pour diverses températures, si l'on mesurait le temps que met une solution d'un sel connu à précipiter avec un réactif de dilution connue, il serait facile de trouver approximativement le titre de la solution ou, inversement, connaissant la concentration et le temps, d'en retrouver la température.

—— ———

XIII. — CONCLUSIONS.

———

De l'ensemble de ces observations il se dégage quelques conclusions qui ne sont pas sans intérêt au point de vue de l'étude générale de l'action chimique et de son économie.

Comme dans les combinaisons où l'on peut étudier ce que l'on appelle, à proprement parler, *la vitesse de réaction*, on remarque tout d'abord que la précipitation, dans les cas que nous avons considérés, demande un temps variable pour se produire, et, de la façon dont se présente cette variation, il serait possible d'envisager ce phénomène de la même façon et ainsi de le faire rentrer dans un cas particulier de cette manière de voir. Mais, en outre, le temps que met dans ces conditions le phénomène chimique à apparaître, en dehors de l'économie des actions et des réactions qui déterminent sa marche et en amènent l'équilibre, présente une valeur propre qui se trouve montrer divers rapports avec certaines caractéristiques des corps (poids, famille, périodicité) et concorder du reste avec certains faits déjà observés

Les courbes par lesquelles se traduisent les variations que nous avons observées, soit qu'elles aient l'allure d'une logarithmique ou qu'elles présentent dans certains cas celle d'une parabole, indiquent l'influence de la masse.

Ainsi que dans les cas où l'on a étudié la modification de la vitesse de réaction proprement dite, nous avons retrouvé l'action prépondérante de la température. Mais, par contre, l'étude des relations des phénomènes de précipitation observés avec les phénomènes thermiques concomitants nous a fait voir que, si l'action de la température occupe une place importante, même au point de vue thermochimique, on ne saurait cependant s'en tenir purement aux mesures calorimétriques de dégagement ou d'absorption, et qu'il y a lieu de tenir compte non seulement de la grandeur de la variation thermique mais encore de sa durée, de sa variation dans le temps et de la forme de cette variation.

Enfin, en dehors des relations connues entre les phénomènes thermiques et les actions chimiques, il apparaît que la température n'est qu'un des principaux facteurs de tout phénomène chimique, lequel dépend de l'ensemble des propriétés des corps mis en présence, et que, l'action de chaque corps se produisant dans le domaine chimique d'une manière distincte, il importe de tenir compte également de la valeur du temps qu'elle emploie à s'effectuer et qui paraît dépendre d'un certain coefficient particulier, en relation avec l'ensemble des propriétés et lié aux caractéristiques du corps considéré.

TABLE DES MATIÈRES.

— o —

36820   Paris. -- Imprimerie GAUTHIER-VILLARS, quai des Grands-Augustins, 55.

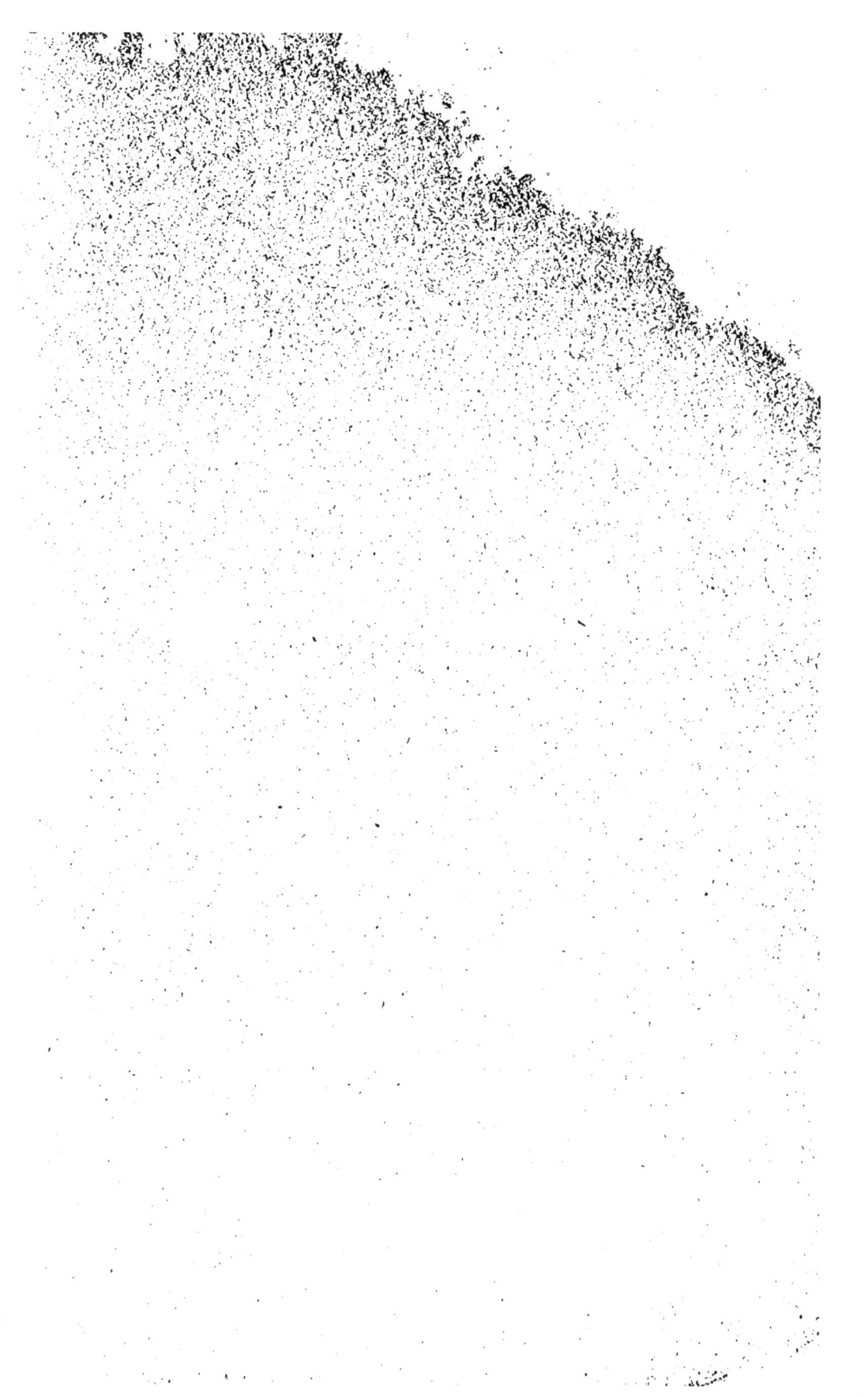

LIBRAIRIE GAUTHIER-VILLARS,
QUAI DES GRANDS-AUGUSTINS, 55, A PARIS (6ᵉ).

BOLTZMANN (L.), Professeur à l'Université de Leipzig. — **Leçons sur la Théorie des gaz**; avec une *Introduction* et des *Notes* de M. BRILLOUIN, Professeur au Collège de France. 2 volumes grand in-8 (25 × 16) se vendant séparément :

Iʳᵉ PARTIE : Traduction par A. GALLOTTI, ancien Élève de l'École Normale. Volume de XIX-204 pages avec figures; 1902.......................... 8 fr.

IIᵉ PARTIE : Traduction par A. GALLOTTI et H. BÉNARD, anciens Élèves de l'École Normale, avec une *Introduction* et des *Notes* de M. BRILLOUIN, Professeur au Collège de France. Volume de XII-280 pages avec figures; 1904... 10 fr.

BERTHELOT, Secrétaire perpétuel de l'Académie des Sciences. — **Traité pratique de calorimétrie chimique**. 2ᵉ édition revue, corrigée et augmentée. In-8 (23 × 14) de XIII-317 pages, avec 27 figures; 1905: 6 fr.

BERTHELOT (M.), Sénateur, Secrétaire perpétuel de l'Académie des Sciences, Professeur au Collège de France. — **Thermochimie**. *Données et Lois numériques.*

TOME I : *Les Lois numériques*; XVII-737 pages. — TOME II : *Les Données expérimentales*; 878 pages. Deux beaux volumes grand in-8, se vendant ensemble................................... 50 fr.

GESCHWIND (Lucien), Ingénieur chimiste. — **Industries du sulfate d'aluminium, des aluns et des sulfates de fer**. *Étude théorique de l'aluminium, du fer et de leurs composés. Fabrication du sulfate d'aluminium, des aluns et des sulfates de fer. Applications industrielles des sulfates d'aluminium et de fer. Caractères analytiques du fer et de l'aluminium. Dosage. Méthode d'Analyse.* Grand in-8 de VIII-164 pages, avec 195 figures; 1899.............................. 10 fr.

GUILLET (Léon), Ingénieur des Arts et Manufactures, Licencié ès Sciences, Professeur de Technologie chimique au Collège libre des Sciences sociales. — **L'Industrie des acides minéraux**. Petit in-8 avec 24 figures; 1902.

Broché............ 2 fr. 50 c. | Cartonné............ 3 fr.

GUILLET (Léon). Docteur ès sciences, Ingénieur des Arts et Manufactures, Professeur de Technologie chimique au Collège libre des Sciences sociales. — **L'Industrie des métalloïdes et de leurs dérivés**. Petit in-8°, avec 28 figures. (*Encyclopédie scientifique des Aide-Mémoire.*)

Broché .... 2 fr. 50 c. | Cartonné............ 3 fr.

JOANNIS (A.), Professeur à la Faculté des Sciences de Bordeaux, Chargé de cours à la Faculté des Sciences de Paris. — **Traité de Chimie organique appliquée**. 2 volumes grand in-8, se vendant séparément.

TOME I : *Généralités. Carbures. Alcools. Phénols. Éthers. Aldéhydes. Cétones. Quinones. Sucres.* Volume de 688 pages, avec fig.; 1896. 20 fr.

TOME II : *Hydrates de carbone. Acides monobasiques à fonction simple. Acides polybasiques à fonction simple et acides à fonctions mixtes. Alcalis organiques. Amides. Nitriles. Carbylamines. Composés azotiques et diazoïques. Radicaux organométalliques. Matières albuminoïdes. Fermentations. Conservation des matières alimentaires.* Volume de 718 pages avec figures; 1896.................. 15 fr.

36820   Paris. — Imp. GAUTHIER-VILLARS, quai des Grands-Augustins, 55.

www.ingramcontent.com/pod-product-compliance
Lightning Source LLC
Chambersburg PA
CBHW050624210326
41521CB00008B/1380